高职高专计算机教学改革**新体系**规划教材

C语言项目设计教程

邓会敏 李向阳 张文梅 主 编

张鹏飞 廖福保 崔英敏 周洁文 副主编

清华大学出版社

北 京

内 容 简 介

本书编写理念为"项目导向,任务驱动"。全书设计了简单计算器、高级计算器和学生成绩管理系统 3个大项目,每个大项目根据完成该项目的工作过程分解成若干个任务,把C语言的知识点分解并贯穿在项目任务的实现中。通过项目和任务的实施,帮助学生学习知识和掌握技能。项目的安排顺序既符合学生的认知规律,又体现了C语言知识的连贯性。本书结合项目任务的实现,在讲解知识的过程中列举了上百个例子,便于学生融会贯通地掌握知识。

本书的C语言知识要点均通过任务引入,能极大地提高学生的学习兴趣。这些知识要点随着教材内容的展开步步深入,适合初学者学习,尤其适合该课程学时少、有递进式需求的教学。

本书可作为高职高专C语言程序设计课程理实一体化教学的教材,也可以作为C语言的职业培训教材或C语言爱好者的自学用书。

图书在版编目(CIP)数据

C语言项目设计教程/邓会敏,李向阳,张文梅主编.--北京:清华大学出版社,2013 (2019.1重印)
高职高专计算机教学改革新体系规划教材
ISBN 978-7-302-32828-5

Ⅰ. ①C… Ⅱ. ①邓… ②李… ③张… Ⅲ. ①C语言－程序设计－高等职业教育－教材 Ⅳ. ①TP312

中国版本图书馆 CIP 数据核字(2013)第 136925 号

责任编辑:陈砺川
封面设计:傅瑞学
责任校对:刘   静
责任印制:宋   林

出版发行:清华大学出版社
            网   址:http://www.tup.com.cn,http://www.wqbook.com
            地   址:北京清华大学学研大厦A座   邮   编:100084
            社 总 机:010-62770175   邮   购:010-62786544
            投稿与读者服务:010-62776969,c-service@tup.tsinghua.edu.cn
            质量反馈:010-62772015,zhiliang@tup.tsinghua.edu.cn
            课件下载:http://www.tup.com.cn,010-62795764
印 装 者:三河市君旺印务有限公司
经   销:全国新华书店
开   本:185mm×260mm   印   张:15.75   字   数:359 千字
版   次:2013 年 8 月第 1 版   印   次:2019 年 1 月第 7 次印刷
定   价:31.00 元

产品编号:054792-01

前 言

FOREWORD

C语言是目前世界上应用非常广泛的高级程序设计语言。它是国内外各高等职业院校计算机类和电子类各专业的核心课程，在人才培养中占有重要的地位和作用。

本书根据高职高专院校的教学改革要求，摒弃了传统的章、节式大纲形式，在编写的过程中，以项目为导向，任务为驱动，理论知识点的阐述坚持以"必需和够用为度"的原则。

本书对上一版教材进行了修正，将比较零散的8个项目整合成3个大项目：设计简单计算器、设计高级计算器和设计学生成绩管理系统。项目按照由简单到复杂，实施难度从易到难的顺序组织编排，使得教材的结构更加紧凑、内容更加连贯；并且根据项目开发的需要，增加了部分新的知识点，比如局部变量和全部变量等；在多个知识点的后面增加了案例，增强了学生对知识点的理解；在附录中增加了程序调试内容，提高学生调试程序的能力；删减了一些使用较少的知识点的相关内容。

本书的特点在于：教材内容的组织采用"层层深入、步步推进"的方式，把基于问题的探究式教学模式应用于教材内容的组织结构上。基于问题的探究式教学模式是以"教师为主导，学生为主体，问题为主线"的教学过程。本书将该教学模式融入教材的内容组织中，使学生从狭窄、单一、被动的学习方式走向广阔、具体、主动的学习空间，学生的思维能力、创新能力和实践能力得到有效的培养。学生的学习重心从"学会知识"扩展到"学会学习、掌握方法和培养能力"上。这为学生学习后续专业课程打下坚实基础，也为从事有关工作和继续深造做好准备。

参加本书编写的教师有广东农工商职业技术学院邓会敏、李向阳、张文梅、张鹏飞、廖福保，以及私立华联学院崔英敏和茂名职业技术学院周洁文。其中，邓会敏、李向阳、张文梅任主编，张鹏飞、廖福保、崔英敏、周洁文任副主编。全书由邓会敏、李向阳负责统稿。广东农工商职业技术学院周劲桦、陈玉琴参与了附录撰写、部分程序调试和课件制作；广州科韵信息股份有限公司技术总监王亚强参与了大纲的制订和教材的审核，并对全书项目和任务的安排提出了许多宝贵建议，在此一并表示衷心的感谢。

　　本教材的编写是对高职高专 C 语言程序设计理实一体化教学的一次尝试。由于编者水平有限,加之时间比较仓促,错漏之处在所难免,恳请广大师生和读者批评指正,以便再版时加以改进。

编　者

2013 年 5 月

目 录

CONTENTS

项目1　第一个C语言程序 ······················· 1

　　任务1.1　熟悉C语言的特点 ···················· 2

　　　　1.1.1　程序设计语言概述 ···················· 2

　　　　1.1.2　C语言的发展历史 ···················· 2

　　　　1.1.3　认识C语言的特点 ···················· 3

　　任务1.2　安装 Visual C++ 6.0 ··················· 4

　　任务1.3　在 Visual C++ 6.0 中开发项目程序 ·········· 5

　　　　1.3.1　输入C语言源程序 ···················· 6

　　　　1.3.2　编译 ···························· 7

　　　　1.3.3　连接 ···························· 8

　　　　1.3.4　执行 ···························· 8

　　任务1.4　C语言程序的结构 ···················· 9

　　　　1.4.1　C语言程序的结构 ···················· 9

　　　　1.4.2　C语言程序的上机步骤 ················· 10

　　任务1.5　任务拓展 ························ 12

　　　　1.5.1　程序设计的基本概念 ················· 12

　　　　1.5.2　程序设计规范 ···················· 13

　　　　1.5.3　自己动手 ······················ 13

　　习题1 ······························ 14

项目2　设计简单计算器 ······················ 16

　　任务2.1　确定变量标识符 ···················· 17

　　　　2.1.1　命名数据对象 ···················· 17

　　　　2.1.2　标识符 ························· 17

　　　　2.1.3　变量 ·························· 18

　　　　2.1.4　常量 ·························· 19

　　任务2.2　选择数据类型 ····················· 20

　　　　2.2.1　定义变量 ······················ 20

2.2.2　整型数据类型 ……………………………………………………… 20

2.2.3　实型数据类型 ……………………………………………………… 22

2.2.4　字符数据类型 ……………………………………………………… 23

2.2.5　变量的初始化 ……………………………………………………… 26

任务2.3　实现人机对话 ……………………………………………………… 27

2.3.1　输入操作数和输出提示信息 ………………………………………… 27

2.3.2　输出函数 …………………………………………………………… 27

2.3.3　输入函数 …………………………………………………………… 30

任务2.4　执行运算 …………………………………………………………… 33

2.4.1　实现计算器的四则运算 ……………………………………………… 33

2.4.2　算术运算符和算术表达式 …………………………………………… 34

2.4.3　赋值运算符和赋值表达式 …………………………………………… 37

2.4.4　关系运算符 ………………………………………………………… 39

2.4.5　逻辑运算符和逻辑表达式 …………………………………………… 40

2.4.6　逗号运算符与逗号表达式 …………………………………………… 42

任务2.5　任务拓展 …………………………………………………………… 43

2.5.1　程序举例 …………………………………………………………… 43

2.5.2　自己动手 …………………………………………………………… 44

习题2 ……………………………………………………………………………… 45

项目3　设计高级计算器 …………………………………………………………… 48

任务3.1　完善除法功能 ……………………………………………………… 49

3.1.1　完善除法运算 ……………………………………………………… 49

3.1.2　三种基本控制结构 …………………………………………………… 50

3.1.3　if语句 ……………………………………………………………… 51

3.1.4　if语句使用注意事项 ………………………………………………… 54

3.1.5　条件运算符和条件表达式 …………………………………………… 55

任务3.2　设计高级计算器的菜单 …………………………………………… 57

3.2.1　实现菜单功能 ……………………………………………………… 57

3.2.2　switch语句(不带 break) …………………………………………… 58

3.2.3　switch语句(带 break) ……………………………………………… 59

3.2.4　switch语句使用注意事项 …………………………………………… 62

任务3.3　实现累加和与阶乘运算 …………………………………………… 63

3.3.1　计算累加和与阶乘 …………………………………………………… 63

3.3.2　for语句 ……………………………………………………………… 65

3.3.3　while语句 …………………………………………………………… 68

    3.3.4　do-while 语句 ···································· 70

任务 3.4　任务拓展 ·· 72

    3.4.1　break 语句 ···································· 72

    3.4.2　continue 语句 ·································· 73

    3.4.3　if 语句的嵌套 ································· 74

    3.4.4　循环语句的嵌套 ······························ 76

    3.4.5　交换语句 ····································· 81

    3.4.6　自己动手 ····································· 82

习题 3 ·· 83

项目4　设计学生成绩管理系统 ································ 88

任务 4.1　录入/输出多名学生 1 门课程的成绩 ··············· 89

    4.1.1　录入和输出学生成绩 ·························· 89

    4.1.2　一维数组 ····································· 90

    4.1.3　一维数组的引用 ······························ 91

    4.1.4　一维数组的初始化 ···························· 93

任务 4.2　查询学生成绩 ······································ 94

    4.2.1　实现学生成绩的查询 ·························· 94

    4.2.2　成绩查询 ····································· 96

    4.2.3　查询成绩的最大值 ···························· 97

任务 4.3　学生成绩排序 ······································ 97

    4.3.1　实现学生成绩的排序 ·························· 97

    4.3.2　冒泡法排序 ··································· 99

任务 4.4　处理多名学生多门课程的成绩 ···················· 101

    4.4.1　输出班级学生成绩单 ························· 101

    4.4.2　二维数组 ···································· 102

    4.4.3　二维数组的引用 ····························· 103

    4.4.4　二维数组的初始化 ··························· 104

任务 4.5　输入/输出学生姓名 ······························· 106

    4.5.1　输出含学生姓名的班级学生成绩单 ············· 106

    4.5.2　字符数组 ···································· 109

    4.5.3　字符串 ······································ 111

    4.5.4　字符数组的输入/输出 ························· 112

任务 4.6　任务拓展 ··· 114

    4.6.1　字符串处理函数 ····························· 114

    4.6.2　程序举例 ···································· 115

　　　4.6.3　自己动手 ……………………………………………………………… 118

　　习题4 ……………………………………………………………………………… 120

项目5　用函数实现学生成绩管理系统 ……………………………………………… 124

　　任务5.1　认识函数 ……………………………………………………………… 125

　　　5.1.1　使用函数实现学生1门课程的成绩管理 …………………………… 125

　　　5.1.2　函数的定义和调用 …………………………………………………… 126

　　任务5.2　嵌套调用和递归调用 ………………………………………………… 131

　　　5.2.1　使用函数实现学生多门课程的成绩管理 …………………………… 131

　　　5.2.2　函数的嵌套调用 ……………………………………………………… 132

　　　5.2.3　函数的递归调用 ……………………………………………………… 134

　　任务5.3　用函数实现学生成绩管理系统 ……………………………………… 136

　　　5.3.1　使用函数完善学生成绩管理系统 …………………………………… 136

　　　5.3.2　函数的值调用和引用调用 …………………………………………… 139

　　　5.3.3　函数的参数 …………………………………………………………… 141

　　任务5.4　任务拓展 ……………………………………………………………… 144

　　　5.4.1　变量的作用域 ………………………………………………………… 144

　　　5.4.2　编译预处理 …………………………………………………………… 146

　　　5.4.3　程序举例 ……………………………………………………………… 151

　　　5.4.4　自己动手 ……………………………………………………………… 153

　　习题5 ……………………………………………………………………………… 153

项目6　用指针优化学生成绩管理系统 …………………………………………… 156

　　任务6.1　了解指针 ……………………………………………………………… 157

　　　6.1.1　地址和指针的概念 …………………………………………………… 157

　　　6.1.2　指向变量的指针变量 ………………………………………………… 158

　　　6.1.3　指针变量作为函数参数 ……………………………………………… 162

　　任务6.2　优化学生成绩的录入模块 …………………………………………… 166

　　　6.2.1　使用指针输入和输出学生的成绩 …………………………………… 166

　　　6.2.2　指向数组元素的指针 ………………………………………………… 168

　　　6.2.3　一维数组的指针 ……………………………………………………… 169

　　　6.2.4　二维数组的指针 ……………………………………………………… 172

　　任务6.3　优化输出班级学生成绩单 …………………………………………… 175

　　　6.3.1　使用指针优化学生成绩管理系统 …………………………………… 175

　　　6.3.2　指向数组的指针作为函数的参数 …………………………………… 176

　　任务6.4　任务拓展 ……………………………………………………………… 180

6.4.1　指向字符串的指针变量 ················· 180

6.4.2　程序举例 ············· 183

6.4.3　自己动手 ············· 184

习题 6 ················· 185

项目 7　用结构体实现学生成绩管理系统 ·········· 189

任务 7.1　确定学生基本信息的类型 ··········· 190

7.1.1　结构体类型 ············· 190

7.1.2　结构体类型的定义 ············ 190

7.1.3　定义学生结构体类型 ··········· 192

任务 7.2　学生信息的录入和输出 ··········· 194

7.2.1　输入和输出学生基本信息 ········· 194

7.2.2　结构体变量初始化 ············ 196

7.2.3　结构体变量成员的访问 ·········· 196

任务 7.3　批量学生数据的处理 ············ 198

7.3.1　定义学生结构体数组 ··········· 198

7.3.2　结构体数组 ············· 198

7.3.3　指向结构体的指针 ············ 201

任务 7.4　统计学生成绩 ·············· 203

7.4.1　计算学生的总分和平均分 ········· 204

7.4.2　输出总分最高的学生信息 ········· 205

任务 7.5　增加和删除学生记录 ············ 206

7.5.1　增加学生记录 ············· 206

7.5.2　删除学生记录 ············· 208

习题 7 ················· 209

项目 8　文件的操作 ················ 213

任务 8.1　文件类型指针变量的定义 ··········· 213

8.1.1　文件 ················ 214

8.1.2　文件指针 ············· 215

8.1.3　定义文件指针变量 ············ 215

任务 8.2　文件的打开和关闭 ············· 215

8.2.1　打开学生信息的写入文件 ········· 215

8.2.2　打开文件 ············· 215

8.2.3　关闭文件 ············· 216

任务 8.3　文件的读写 ··············· 217

8.3.1　保存学生信息到文件 …………………………………………… 217

8.3.2　文件的读写函数 ………………………………………………… 219

习题 8 ……………………………………………………………………… 222

附录 ……………………………………………………………………… 228

附录 1　程序调试 ………………………………………………………… 228

附录 2　ASCII 代码表 …………………………………………………… 232

附录 3　C 语言运算符的优先级与结合性 …………………………… 233

附录 4　Turbo C 2.0 常用的库函数及其标题文件 ………………… 234

参考文献 ………………………………………………………………… 239

第一个 C 语言程序

 项目要点

- C 语言程序的发展和特点
- C 语言程序的基本构成
- C 语言程序的开发过程
- 集成开发环境

 学习目标

- 熟悉 C 语言的产生、发展和特点
- 掌握 C 语言程序的结构和程序的上机步骤
- 程序算法基础和软件编程规范

 工作任务

本项目将开发一个最简单的 C 语言程序,在控制台显示"Hello World",如图 1.1 所示。通过这个项目,将熟悉 C 语言的特点和 C 语言的开发环境;掌握 C 语言程序的基本构成及程序的编写、编译和运行。

图 1.1 C 语言程序运行结果

 引导问题

(1) C 语言的特点如何?

(2) C 语言的结构是怎样的?

(3) 在集成开发环境中如何编写、编译和运行 C 语言程序?

(4) C 语言的编码规范如何?

任务 1.1　熟悉 C 语言的特点

任务分析

C 语言是目前极为流行的一种结构化的计算机程序设计语言,它既具有高级语言的功能,又具有机器语言的一些特性,成为大部分高校学生学习编程的第一门语言。那么,C 语言究竟具有哪些特点? 请阅读以下文字,学习 C 语言的特点。

1.1.1　程序设计语言概述

程序是为解决某一问题而编写的一组有序指令的集合。通常,将解决一个实际问题的具体操作步骤用某种程序设计语言描述出来,就形成了程序。计算机程序设计语言可以归纳为机器语言、汇编语言和高级语言三类。

1. 机器语言

机器语言是计算机硬件系统可识别的二进制指令构成的程序设计语言。机器语言是面向机器的语言,与特定的计算机硬件设计密切相关,因机器而异,可移植性差。它的优点是机器能够直接识别,执行速度快。缺点是记忆、书写、编程困难,可读性差且容易出错,因此就产生了汇编语言。

2. 汇编语言

汇编语言是一种用助记符号代表等价的二进制机器指令的程序设计语言。汇编语言也是一种直接面向计算机所有硬件的低级语言,但计算机不能直接执行汇编语言程序,必须将汇编程序翻译成机器语言程序后才能在计算机上执行。从机器语言到汇编语言是计算机语言发展史上里程碑式的进步。

3. 高级语言

高级语言是一种用接近自然语言和数学语言的语法、符号描述基本操作的程序设计语言。它符合人类的逻辑思维方式,简单易学。目前常见的高级语言有 Visual Basic、Java、C、C++、C♯、Delphi 等。用高级语言编写的程序通常称为“源程序”,而由二进制的 0、1 代码构成的程序称为“目标程序”。用高级语言编写的程序计算机同样不能直接执行,要用翻译程序将其转换成机器语言目标程序后才能执行。例如,用 C 语言编写的程序,必须先经 C 语言编译系统翻译成目标程序,再连接成可执行文件后才能执行。

1.1.2　C 语言的发展历史

C 语言是 1972 年贝尔实验室在 B 语言的基础上设计出来的。最初的 C 语言只是为描述和实现 UNIX 操作系统而设计开发的。但随着 C 语言的不断发展和应用的普及,C 语言可以在多种操作系统下运行,并且产生了各种不同版本的 C 语言系统。1983 年美国国家标准化协会(ANSI)根据C语言问世以来各种版本对C语言的发展和扩充,制定了新的标准,称为ANSI C。1987年ANSI又公布了新标准87 ANSI C。目前流行的C语言编译系统都是以它为基础的。

随着面向对象技术的发展,在C语言的基础上增加了面向对象的程序设计功能,1983年由贝尔实验室设计了C++语言。C++语言的主要特点是全面兼容C语言和支持面向对象的编程方法,C++语言赢得了广大程序员的喜爱,不同的机器不同的操作系统几乎都支持C++语言。如PC上,微软公司先后推出了MS C++、Visual C++等产品,Borland公司先后推出了Turbo C++、Borland C++、C++ Builder等产品。

目前,微型计算机中使用的C语言版本很多,比较经典的有Turbo C、Borland C、Microsoft C等。近年来,又推出了包含面向对象程序设计思想和方法的C++,它们均支持ANSI C,本书主要介绍ANSI C中的基础部分。

1.1.3 认识C语言的特点

了解程序设计和C语言的发展历史之后,就可以熟悉C语言作为程序设计语言的特点。

C语言经久不衰并不断发展,主要是由于它具有以下特点。

(1) C语言为结构化程序设计语言,具有丰富的数据类型、众多的运算符,这使得程序员能轻松地实现各种复杂的数据结构和运算。C语言具有的体现结构化程序设计的控制结构和具备抽象功能及体现信息隐蔽思想的函数,可以实现程序的模块化设计。

(2) 语言简洁,使用方便、灵活。编译后生产的代码质量高,运行速度快。

(3) 表达能力强。C语言允许直接访问物理地址,能进行位操作,能实现汇编语言的大部分功能,可以直接对硬件进行操作。

(4) 语法限制不太严格,程序设计自由度大。

尽管C语言有很多优点,但也存在一些缺点和不足。比如它的类型检验和转换比较随便,优先级太多不便记忆。这些都对程序设计者提出了更高的要求,也给初学者增加了难度。

C语言主要的编写软件有如下几种。

(1) 系统软件(操作系统、编译系统等。与C语言同时出名的多用户操作系统UNIX是用C语言程序编制的)。

(2) 嵌入式软件(C语言是工业控制单片机的开发语言之一)。

(3) 数据处理软件(如学生管理系统)。

(4) 数值计算等应用于各个领域的软件。

C语言程序可在多种操作系统的环境下运行,从普通的C到面向对象的C++(它的变种为Java)以及可视C(Visual C)都是针对软件开发要求而产生和发展的。虽然这个发展仍在继续,但C语言的基本功能不变,所以学习了C语言之后再学C++、Java、Visual C++就很容易了。

任务 1.2　安装 Visual C++ 6.0

任务分析

本书采用 Visual C++ 6.0 集成开发环境,编写、编译和运行 C 语言程序。本任务完成 Visual C++ 6.0 的安装。

安装 Visual C++ 6.0 的具体操作步骤如下。

(1) 打开安装文件目录,双击安装文件,如图 1.2 所示,这是安装的第一步,单击"下一步"按钮。

图 1.2　Visual C++ 6.0 安装向导(1)

(2) 选择"安装 Visual C++ 6.0 中文企业版"单选项,如图 1.3 所示,这是要安装的程序,单击"下一步"按钮。

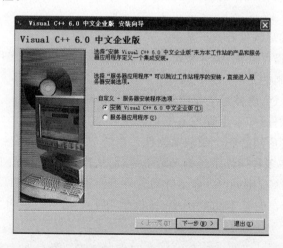

图 1.3　Visual C++ 6.0 安装向导(2)

（3）在图 1.4 中单击 Typical 图标继续安装，"文件夹"中显示默认的安装目录，单击"更改文件夹"按钮，可以重新设置安装的目录。

图 1.4　Visual C++ 6.0 安装向导（3）

（4）在图 1.5 中取消选中"安装 MSDN"复选项，单击"退出"按钮。

图 1.5　Visual C++ 6.0 安装向导（4）

（5）程序安装完毕，在计算机的"开始"菜单中，选择"所有程序"选项，在"Microsoft Visual C++ 6.0"目录中选择"Microsoft Visual C++ 6.0"选项就可以运行程序了。也可以将这个图标发送到桌面作为快捷方式。

任务 1.3　在 Visual C++ 6.0 中开发项目程序

 任务分析

完成安装 Visual C++ 6.0 后，即可开始编写、编译和运行 C 语言程序。

1.3.1 输入 C 语言源程序

（1）在磁盘上新建文件夹（例如 D:\TEST），用来存放 C 语言程序。

（2）运行 Visual C++程序，选择"开始"→"程序"→Microsoft Visual C++ 6.0 选项。

（3）新建 C 语言源程序文件。

① 执行"文件"→"新建"命令，打开"新建"对话框。

② 在"新建"对话框中，选择"文件"选项卡，选择"C++ Source File"选项。

③ 确定文件保存位置（D:\TEST），输入文件名（Project1.c），如图 1.6 所示。

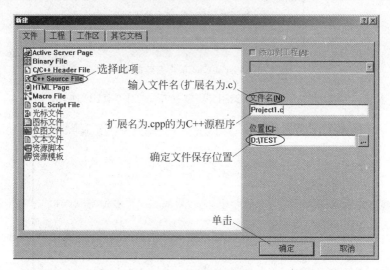

图 1.6 "新建"对话框

（4）输入 C 源程序文件，在打开的程序编辑窗口中，输入 C 语言源程序，如图 1.7 所示。

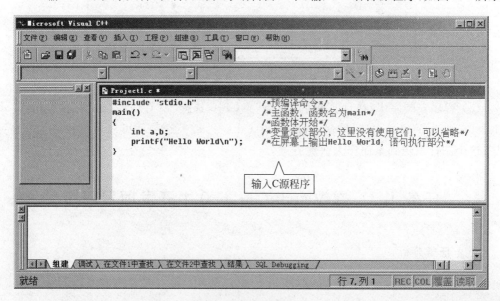

图 1.7 代码编辑窗口

1.3.2　编译

执行"组建"→"编译"命令,或按快捷键 Ctrl+F7 执行编译操作。

编译成功,则生成.obj 目标程序(Project.obj,文件主名与源程序文件主名相同),如图 1.8 所示。

图 1.8　文件编译

编译结果显示在下面的信息显示窗口中,如图 1.9 所示。

图 1.9　编译结果

1.3.3　连接

执行"组建"→"组建"命令,或按快捷键 F7 执行连接操作。

生成扩展名为 .exe 可执行文件(Project1.exe,文件主名与源文件主名相同),如图 1.10 所示。

图 1.10　生成可执行文件

1.3.4　执行

执行"组建"→"执行"命令,或按快捷键 Ctrl＋F5 完成"执行"操作。

运行 Project1.exe 程序,如图 1.11 所示。

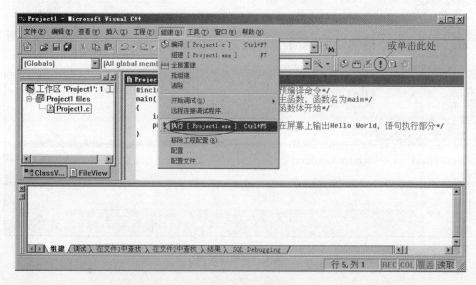

图 1.11　执行文件

任务1.4　C语言程序的结构

 任务分析

掌握C语言程序的结构特点及上机。

1.4.1　C语言程序的结构

用C语言编写的源程序,简称C程序。C程序是一种函数结构,一般由一个或若干个函数组成,其中有且仅有一个名为main()的主函数,程序的执行就是从这里开始的。

 试一试

问题1.1　在屏幕上输出一行文本信息"Hello World"。

【程序代码】

```
# include "stdio.h"            / * 预编译命令 * /
void main()                    / * 主函数,函数名为 main() * /
{                              / * 函数体开始 * /
    int a, b;                  / * 变量定义部分,这里没有使用变量,可以省略 * /
    printf("Hello World\n");   / * 在屏幕上输出 Hello World,语句执行部分 * /
}                              / * 函数体结束 * /
```

【说明】

(1) 预编译命令"♯include"将"stdio.h"文件包括到用户源文件中,即

♯include "stdio.h"

stdio.h包含了与标准I/O库有关的变量定义和宏定义。在需要使用标准I/O库中的函数时,应在程序前使用上述预编译命令,但在用 printf() 和 scanf() 函数时,则可以不要(只有 printf() 和 scanf() 例外)。预编译命令要写在程序的最开头。

(2) main()表示"主函数",每一个C程序都必须有一个 main() 函数。函数体由大括号{}括起来。void 表示该函数无返回值。

(3) 函数体,即函数名下面的花括号{…}内的部分。如果一个函数内有多个花括号,则最外层的一对{}为函数体的范围。

(4) 函数体一般包括以下两部分:

① 变量定义。如例中的"int a, b; "。

② 执行部分。由若干个语句组成。

这两部分在程序中不可调换位置,程序也将按这个顺序执行。当然,在某些情况下也可以没有变量定义部分,甚至可以既无变量定义也无执行部分。

(5) C程序是由函数构成的。一个C源程序至少包含一个函数(main()函数),也可以包含一个 main() 函数和若干个其他函数。因此,函数是C程序的基本单位。

（6）一个 C 程序总是从 main() 函数开始执行的，而不论 main() 函数在整个程序中的位置如何（main() 函数可以放在程序最前头，也可以放在程序最后，或在一些函数之前而在另一些函数之后）。

（7）C 程序书写格式自由，一行内可以写几个语句，一个语句可以分写在多行上。C 程序没有行号。

（8）每个语句和数据定义的最后必须有一个分号。分号是 C 语句的必要组成部分。例如：

printf("Hello World");

语句最后的分号必不可少。

（9）C 语言本身没有输入和输出语句。输入和输出的操作是由库函数 scanf() 和 printf() 等函数来完成的。printf() 是 C 语言中的输出函数，双引号内的字符串原样输出。"\n" 是换行符，即在输出 "Hello World" 后回车换行。

（10）位于 "/ * … * /" 之间的内容是注释语句，用来帮助读者阅读程序，在程序编译运行时这些内容是不起作用的，注释语句可写在程序中的任何位置。

（11）C 语言是区分大小写的。例如，s 和 S 是两个不同的字符。习惯上，建议使用小写英文字母，以增加可读性。

 练一练

编写一个输出以下信息的 C 语言程序。

```
*****************
    Very good!
*****************
```

1.4.2　C 语言程序的上机步骤

在编写好一个 C 源程序后，如何上机运行呢？

C 语言程序是高级语言，要经过编译、连接成目标代码才能执行，开发和使用 C 语言程序的基本过程包括四个方面，如图 1.12 所示。

1. 编辑

编辑是指 C 语言源程序在文本编辑器或直接在 C 语言编译系统下，通过键盘输入和修改源程序，并把源程序保存到磁盘文件中的过程。文件的扩展名一般为 ".c"，例如，example.c 等。

2. 编译

编译是指将编辑后的源程序文件由 C 语言编译系统翻译成二进制目标代码的过程。编译时，首先检查源程序中的语法错误，编译系统会给出相应的错误提示，包括错误的类型和源程序中出现语法错误的位置。此时，程序员要根据提示对源程序进行修改，然后再

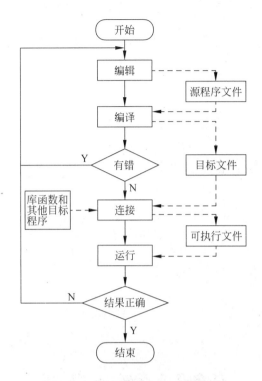

图 1.12 C语言程序的开发过程

进行编译。如此反复进行"编辑—编译",直到排除源程序的所有语法错误为止,才将源程序翻译成目标程序,文件扩展名为.obj,例如,example.c 编译后生成的目标文件为example.obj。

3. 连接

连接是指将编译生成的目标程序和库函数或其他目标程序相互连接成为一个可执行文件的过程。连接后生成的可执行文件的扩展名自动定义为.exe。

4. 运行

连接生成的可执行文件可以脱离编程环境直接运行,在 DOS 提示符下输入该可执行文件的文件名,再按 Enter 键,即可执行该文件,得到运行结果。如果发现错误,则返回编辑环境修改源程序,再编译、连接、运行。如此反复,直到程序运行结果正确,一个程序才算开发完成。

 试一试

问题 1.2 输入如下源代码,然后编译运行并观察结果。

【程序代码】

```
#include "stdio.h"
void main()
```

```
{
    printf(" * \n");
    printf(" *** \n");
    printf(" ***** \n");
    printf(" ******* \n");
}
```

输入如下源代码,然后编译运行并观察结果。

```
#include "stdio.h"
void main()
{
    int a, b, sum;
    a=21;
    b=23;
    sum=a+b;
    printf("The sum is %d\n", sum);
}
```

任务 1.5　任 务 拓 展

1.5.1　程序设计的基本概念

1. 程序与算法

人们做任何事情都有一定的方法和程序。在程序的指导下,人们可以有秩序地、有效地完成每一项工作。随着计算机的问世和普及,"程序"逐渐被专业化,它通常特指:为让计算机完成特定任务(如解决某一问题)而设计的指令序列。

从程序设计的角度来看,每个问题都涉及两个方面的内容——数据和操作。所谓"数据"泛指计算机要加工处理的对象,包括数据的类型、数据的组织形式和数据之间的相互关系,这些又被称为"数据结构";所谓"操作"是指处理的方法和步骤,也就是算法。而编写程序所用的计算机语言称之为"程序设计语言"。

算法反映了计算机的执行过程,是对解决特定问题的操作步骤的一种描述。数据结构是对参与运算的数据及它们之间关系所进行的描述,算法和数据结构是程序的两个重要方面。

2. 数据结构

计算机处理的对象是数据,数据是描述客观事物的数、字符以及计算机能够接收和处理的信息符号的总称。数据结构是指数据的类型和数据的组织形式。数据类型体现了数据的取值范围和合法的运算,数据的组织形式体现了相关数据之间的关系。

1.5.2　程序设计规范

作为软件从业人员,编程高手区别于编程新手的重要标志之一就是能否规范地编写程序。程序编写要结构清晰,简单易懂,初学者往往以编写出别人看不懂的程序为荣,这在软件行业是万万不行的。一个程序员编写的程序必须能够并且易于被同行看懂,这是对程序员的基本要求。若要成为软件行业的专业人员,就要在编程规范的学习上花费更多的时间和精力。

按照规范编写程序可以帮助程序员写出高质量的程序。软件编程规范涉及程序的组织规则、运行效率和质量保证、错误和异常处理规范、有关函数定义和调用的原则等。

C 语言编写规范的部分表述如下。

1. 基本要求

程序结构清晰,简单易懂,单个函数的程序行数不得超过 100 行;打算干什么,要简单,直截了当,代码精简,避免垃圾程序;尽量使用标准库函数和公共函数;不要随意定义全局变量,尽量使用局部变量;使用括号以避免二义性。

2. 可读性要求

可读性第一,效率第二;保持注释与代码完全一致;利用缩进来显示程序的逻辑结构,缩进量一致并以 Tab 键为单位;循环、分支层次不要超过五层;空行和空白字符也是一种特殊注释;注释的作用范围可以为定义、引用、条件分支以及一段代码。

1.5.3　自己动手

(1) 在 Visual C++ 中输入以下的程序,运行并查看运行结果。

```c
#include "stdio.h"
void main()
{
    printf("How are you!");
    printf("I'm fine, thank you!and you?");
}
```

多运行几遍,看看运行结果,将 printf("How are you!") 改成 printf("How are you! \n"),再运行几遍,看看运行结果,比较一下有什么不同,想想为什么。

(2) 编写一个 C 语言程序,输出以下信息:

```
   *
  ***
 *****
  ***
   *
```

习 题 1

1. 选择题

(1) C语言的函数体由(　　)括起来。

A. <>　　　　　　B. {}　　　　　C. [ ]　　　　　D. ( )

(2) C语言规定,必须用(　　)作为函数名。

A. Function　　　B. include　　　C. void main　　D. stdio

(3) (　　)是C程序的基本构成单位。

A. 函数　　　　　B. 函数和过程　C. 超文本过程　D. 子过程

(4) 一个C语言程序可以包含任意多个不同名的函数,但有且仅有一个(　　),一个C语言程序总是从此开始执行。

A. 过程　　　　　B. 主函数　　　C. 函数　　　　D. include

(5) 下列说法正确的是(　　)。

A. 在执行C语言程序时不是从 void main()函数开始的

B. C语言程序书写格式严格限制,一行内必须写一个语句

C. C语言程序书写格式自由,一个语句可以分写在多行

D. C语言程序书写格式严格限制,一行内必须写一个语句,并要有行号

(6) 在C语言中,每个语句和数据定义时用(　　)结束。

A. 句号　　　　　B. 逗号　　　　C. 分号　　　　D. 括号

(7) 一个C语言程序是由(　　)。

A. 一个主程序和若干个子程序组成

B. 函数组成,并且每一个C语言程序必须且只能有一个主函数

C. 若干过程组成

D. 若干子程序组成

(8) 下列叙述中错误的是(　　)。

A. 计算机不能直接执行用C语言编写的源文件

B. C语言程序经C编译程序编译后,生成扩展名为.obj 的文件是一个二进制文件

C. 扩展名为.obj 的文件,经连接程序生成扩展名为.exe 的文件是一个二进制文件

D. 扩展名为.obj 和.exe 的二进制文件都可以直接运行

(9) 以下叙述中正确的是(　　)。

A. C语言程序中的注释只能出现在程序的开始位置和语句的后面

B. C语言程序书写格式严格,要求一行内只能写一个语句

C. C语言程序书写格式自由,一个语句可以写在多行上

D. 用C语言编写的程序只能放在一个程序文件中

（10）C 语言源程序名的扩展名是(　　　)。

    A.．exe   B.．c   C.．obj   D.．cp

2. 填空题

（1）一个 C 语言程序至少包含一个_____，即_____。

（2）一个函数体一般包括_____和_____。

（3）主函数名后面的一对圆括号中间可以为空，但一对圆括号不能_____。

3. 编程题

（1）编写一个程序，用 printf()函数显示如下信息：Hello，everyone！。

（2）编写一个程序，输出以下信息：

```
    *******
   *******
  *******
 *******
```

设计简单计算器

 项目要点

- 各种主要数据类型以及相应的存储格式
- 各种运算符的含义和使用方法
- 各种表达式的结果和计算过程
- 类型转换及其转换规则

 学习目标

- 掌握各种数据类型的使用方法,熟悉相应的注意事项
- 熟练地对各种表达式进行求值
- 熟悉每种类型转换的规则和使用场景

 工作任务

在日常生活中,人们经常用到计算器。Windows 操作系统提供了一个图形界面的计算器供用户使用。本项目将用 C 语言开发一个简单的字符界面的计算器,能够实现两个数的加减乘除运算,如图 2.1 所示。

图 2.1 简单计算器的程序运行结果

引导问题

（1）存放操作数的变量该如何定义？标识符命名规则是什么？

（2）所给数字是常量还是变量？按常量存储还是按变量存储？

（3）运算符该如何选择？运算符该如何表示？

（4）如何实现换行，比如：如图 2.1 所示的换行？

（5）如何判断所给数据是整型、浮点型还是字符型等？不同类型的数据该如何转换？

（6）变量和赋值运算有什么关系？

任务 2.1　确定变量标识符

 任务分析

简单计算器在实现两个数的加减乘除运算时，涉及 3 个数据对象：操作数 1、操作数 2、结果值，为了区分这三个数据对象，必须要对它们进行命名。本任务确定使用合适的标识符对数据对象进行命名。

2.1.1　命名数据对象

在程序中使用标识符来命名数据对象，为了保存数据对象的信息，将数据对象的值存放在变量中，简单计算器中涉及的变量名如下：

```
oper1        /＊操作数 1＊/
oper2        /＊操作数 2＊/
sum          /＊和＊/
sub          /＊差＊/
mul          /＊乘积＊/
div          /＊商＊/
```

2.1.2　标识符

标识符是由程序员按照命名规则自己定义的词法符号，用于定义函数名、变量名、数组名、文件名的有效字符序列。

在 C 语言中，标识符的命名规则如下。

（1）标识符只能由字母、数字和下划线三种字符构成，中间不能包含其他字符。

（2）标识符的第一个字符必须是字母或下划线。

（3）标识符区分大小写，如 my、My、MY 是 3 个不同的标识符。

（4）标识符不能与 C 语言任何关键字相同。

例如：

count、student113、_sum1、intx、for

都是合法的标识符,而

    9count、hi!here、screen＊、b-milk

都是非法的标识符。

由系统预先定义的标识符称为"关键字"(又称保留字),它们都有特殊的含义,不能用于其他目的。C语言关键字有32个,如表2.1所示。

表 2.1   C 语言关键字

auto	break	case	char	const	continue	default	do
double	else	enum	extern	float	for	goto	if
int	long	register	short	signed	sizeof	static	return
struct	switch	typedef	union	unsigned	void	volatile	while

下列类型属于标识符的是哪些?

    _WL   3_33   int   ♯dfg   all   and_2007   Dr.Tom

2.1.3   变量

变量是在程序运行中其值可以被修改的量。一个变量应该有一个名字,在内存中占据一定的存储单元,在该存储单元中存储变量的值。应注意区分变量名和变量值这两个不同的概念。变量名实际是一个符号地址,在对程序连接编译时由系统给每一个变量名分配一个内存地址。程序从变量中取值时,实际上是通过变量名找到相应的内存地址,再从其内存单元中读取数据。如图 2.2 所示。

图 2.2   变量名和变量的值

程序中出现的变量由用户按标识符的命名法则,并结合在程序中的实际意义对其命名。为提高程序的可读性,变量名应该尽量取的有意义,使得变量名能表示相应的实际意义,即"见名知义"。

变量声明,声明的同时可以对其赋值即初始化:

[数据类型] 变量名[＝初始值];

若多个变量的数据类型相同时,可以如下声明:

[数据类型] 变量名1[＝初始值1],变量名2[＝初始值2],…,变量名n[＝初始值n];

问题 2.1   学生数据信息包括年龄、学号、性别、成绩等,定义变量名来存放这些信息。

【程序代码】

```
数据类型 age=20, num=1;        /*表示年龄和学号的变量,存放的数据都是整数*/
数据类型 sex='M';              /*表示性别的变量,存放的数据为一个字符*/
数据类型 score=45.6;          /*表示成绩的变量,存放的数据可以有小数位*/
```

【说明】

(1) 变量名最好做到"见名知义"。

(2) 变量必须"先定义、后使用"。

(3) 变量名标明数据在内存的地址,在对程序进行编译时由系统为每个变量名分配一个内存地址。在程序中,对变量的存取实际上是通过变量名找到相应的内存地址,然后从其存储空间中读取数据。

(4) 声明变量需要有数据类型,目的是告知编译系统所声明的变量需要占用的存储单元数目,以便编译系统为变量分配存储单元,因为不同类型的数据在内存中所占用的存储单元大小不同。

(5) 使用变量时要注意变量的三要素:数据类型、变量名和当前值。

(6) 变量中保存了数据后还可以重新赋值,重新赋值后,新数据就取代了原来的数据。

2.1.4　常量

常量是指那些在程序运行过程中保持不变的量,常量只能赋一次值,其值一旦设定,在程序中就不可以改变。

在C语言中,从其表现形式上将常量分为普通常量和符号常量。普通常量就是用数值表示的常量,符号常量是用一个标识符来表示的常量。无论是普通常量,还是符号常量,它们都有自己的类型。

(1) 普通常量有3类:数值常量、字符型常量和字符串常量。举例如下。

1,232,0x12:整型数值常量。

23.4,567.8,0.34:实型数值常量。

'A','z':字符型常量,其中''为定界符,而不是字符型常量的一部分。

"hello","你好":字符串常量,其中""为定界符。

(2) 符号常量:用符号代替常量,叫作符号常量,一般用大写字母表示,符号常量一经定义就可以代替常量使用。例如:

```
#define PI 3.14159
void main()
{
    int r=5, area;
    area=PI*r*r;
    printf("area=%d", area);
}
```

这是一种编译预处理命令,叫作"宏定义"。指定PI代替常量3.14159,在以后的程序中,凡遇到PI即用3.14159代替,只是简单的符号替换。它不属于C语句,所以不必在末尾加上";"。优点是含义清楚、改动方便。

一般格式为：

♯ define 符号常量 常量

注意：常量名常用大写、变量名常用小写。

任务2.2　选择数据类型

 任务分析

C语言中所有的变量在使用之前，必须首先定义变量，指定变量的数据类型，变量的数据类型决定了该变量只能保存指定类型的数据，也决定了该变量只能执行该数据类型允许的操作。

在解决实际问题时所涉及的变量，有的变量用来保存整数，有的用来保存实数，还有的变量保存字符。因此要为变量确定数据类型。C语言的基本数据类型包括整型、实型、字符型。没有小数部分的数就是整型类型，而加了小数点的数则是实型（也称为浮点类型），单个字母或符号更广泛地说是字符类型。

2.2.1　定义变量

任务2.1确定了一组变量名，在变量名确定后，还要确定变量的数据类型，即定义变量。由于简单计算器处理的是整数或实数，所以该项目中的变量定义成 int 型（整型）和 double 型（实型），定义变量的数据类型如下。

```
int oper1;            /*操作数1*/
int oper2;            /*操作数2*/
int sum;              /*和*/
int sub;              /*差*/
int mul;              /*积*/
double div;           /*商*/
```

2.2.2　整型数据类型

整型的基本类型符为 int，在 int 之前可以根据需要分别加上修饰符 short（短整型）或 long（长整型），上述类型又分为有符号型（signed）和无符号型（unsigned），即数值是否可以取负值。各种整数类型占用的内存空间大小不同，所提供数值的范围也不同，如表2.2所示。

需要说明的是，数据存储时在内存中所占字节数与具体的机器和系统有关，与具体的编译器也有关系。编程时，可以用函数 sizeof()求出所使用环境中各种数据类型所占的字节数。

表 2.2　整型数据分类

数 据 类 型	别　称	解　释	所占位数	表示数值的范围
int	无	基本类型	16	－32768 ～ ＋32767
short int	short	短整型	16	－32768 ～ ＋32767
long int	long	长整型	32	－2147483648 ～ ＋2147483647
unsigned int	unsigned	无符号整型	16	0 ～ 65535
unsigned short	无	无符号短整型	16	0 ～ 65535
unsigned long	无	无符号长整型	32	0 ～ 4294967295

 试一试

问题 2.2　学生数据包括年龄、学号,定义变量来存放这些信息。

【程序代码】

```
int age＝20, num＝1;
long sum ＝ 2345465;
```

【说明】

（1）最常用的整数类型是 int。默认情况下,整数字面值是 int 类型。

（2）当整数范围超过 int 型范围时,就要使用 long 型。如果要指定 long 型的整数字面值,必须在数值的后面加上大写或小写 L。例如：10L、－100l。

（3）C 语言的整数可以采用八进制或十六进制表示形式。八进制整数以数字 0 开头,用 8 个数字 0～7 表示,如 012,034 等。十六进制整数以 0x 或 0X 开头,用 10 个数字 0～9 和 6 个字母 A～F(或 a～f)表示,如 0x2f8。

 试一试

问题 2.3　求出所使用环境中整型所占的字节数。

【程序代码】

```
＃include"stdio. h"
void main()
{
    int b;
    b＝sizeof(int);
    printf("整型数所占字节＝%d\n", b);
}
```

 练一练

分别把十进制、八进制和十六进制值赋值给 int 和 long 型变量。

2.2.3 实型数据类型

1. 实型常量

实型常量在 C 语言中又称为浮点数。它有如下两种表示形式。

(1) 十进制数形式。它由数字和小数点组成(注意必须有小数点),如 0.123、.12"、123. 。

(2) 指数形式。它由尾数、e(或 E)和整数指数(阶码)组成,E(或 e)的左边为尾数,可以是整数或实数,右边是指数,指数必须为整数,表示尾数乘以 10 的多少次方,如 123e3 或 123E3 都代表 123×10^3。

2. 实型变量

实型变量分为单精度(float 型)和双精度(double 型)两类。在一般系统中,一个 float 型数据在内存中占 4 字节,一个 double 型数据占 8 字节。

试一试

问题 2.4　学生数据包括成绩等,定义变量来存放这些信息。

【程序代码】

```
float score = 45.6;
double dscore = 67.7;
```

【说明】

(1) 实型常量不分 float 型和 double 型。一个实型常量可以赋给一个 float 型或 double 型变量。

(2) 单精度实数提供 7 位有效数字,双精度实数提供 15~16 位有效数字,数值的范围随机器系统而异。例如:

```
float a = 112121.123;
```

由于 float 变量只能接收 7 位有效数字,因此最后两位小数不起作用。

问题 2.5　浮点数的有效位实例。

【程序代码】

```
#include "stdio.h"
void main()
{
    float x;
    x = 0.1234567890;
    printf("%20.18f\n", x);
}
```

运行结果为 0.123456791043281560。

【说明】

(1) x 被赋值了一个有效位数为 10 位的数字,但由于 x 为 float 类型,所以 x 只能接收7位有效数字。

（2）printf()语句中，使用格式符号％20.18f，表示 printf()语句在输出 x 时总长度为 20位，小数点位数占18位，输出的结果显示了20位数，但只有0.123456共7位有效数字被正确显示出来，后面的数字是一些无效的数字。这表明 float 型的数据只接收7位有效数字。

 练一练

（1）分别把实型常量赋值给 float 和 double 型变量。

（2）浮点数的有效位，练习下面代码输出的结果。

```
# include "stdio.h"
void main()
{
    double a = 112121.123;
    printf("％14.4f\n", a);
}
```

2.2.4　字符数据类型

1.　字符型常量

字符型常量包括普通字符型常量和转义字符型常量。

（1）普通字符型常量就是指它代表 ASCII 码字符集里的某一个字符，在程序中用单引号括起来构成。如'a'、'A'、'p'等。

注意：'a'和'A'是两个不同的字符型常量。

（2）转义字符又叫控制字符型常量，指除了上述的字符常量外，C 语言还有一些特殊的字符型常量，例如转义字符"\n"，其中"\"是转义的意思。表2.3列出了 C 语言中常用的特殊字符型常量。

表2.3　特殊字符型常量及含义

转义字符序列	描　　述	转义字符序列	描　　述
\b	退格	\'	单引号
\f	换页	\"	双引号
\n	换行	\\	反斜杠
\r	回车	\ooo	八进制数
\t	横向制表	\xhh	十六进制数
\v	纵向制表		

 试一试

问题 2.6　试输出特殊符号常量。

【程序代码】

```
#include "stdio.h"
void main()
{
    printf(" ab c\t de\rf\tg\n");
}
```

【说明】

（1）第一个 printf()先在第一行左端开始输出" ab c"，然后遇到"\t"，它的作用是"跳格"，即跳到下一个"输出位置"，输出" de"。下面遇到"\r"，它代表"回车"（不换行），返回到本行最左端（第一列），输出字符"f"，然后"\t"再使当前输出位置移到下一个"输出位置"，输出"g"。下面是"\n"，作用是"回车换行"。

（2）显示屏显示的可能不同，这是因为在输出前面的字符后很快又输出后面的字符，在人们还没看清楚之前，新的已取代了旧的，所以误以为没有输出应该输出的字符。

 练一练

练习下面代码观察输出的结果。

```
#include "stdio.h"
void main()
{
    printf("h\ti\b\bj k");
}
```

2. 字符型变量

字符数据类型以 char 表示，字符型变量用来存放字符，注意只能放一个字符。
字符型变量的定义形式如下：

char c1, c2;

它表示 c1 和 c2 为字符型变量，可以放一个字符，因此可以用下面语句对 c1、c2 赋值：

c1='a'; c2='b';

一般以一个字节来存放一个字符，或一个字符型变量在内存中占一个字节。

 试一试

问题 2.7　定义字符型变量，并赋值字符和整型数据。
【程序代码】

```
#include "stdio.h"
void main()
{
    char c1, c2;
    c1='a'; c2='b';
}
```

```
    printf("%c  %c  %d  %d ", c1, c2, c1, c2);
    c1=97 ; c2=98;
    printf("%c  %c  %d  %d ", c1, c2, c1, c2);
}
```

【说明】

（1）字符型常量放到一个字符型变量中，实际上并不是把该字符本身放到内存单元中去，而是将该字符的相应 ASCII 码值放到存储单元中。例如，字符 'a' 的 ASCII 码值为 97，'b' 为 98。

（2）字符的存储形式与整型的存储形式相类似，使字符数据和整型数据之间可以通用。

（3）字符数据可以以字符形式输出，也可以以整数形式输出。以字符形式输出时，先将存储单元中的 ASCII 码转换成相应字符，然后输出。以整型形式输出时，直接将 ASCII 码值作为整数输出。

（4）可以对字符数据进行算术运算，此时相对于对它们的 ASCII 码进行算术运算。

 练一练

练习下面代码并观察输出的结果。

```
#include "stdio.h"
void main()
{
    char c1 , c2;
    c1='a'; c2='b';
    c1=c1-32; c2= c2-32;
    printf("%c  %c  %d  %d ", c1, c2, c1, c2);
}
```

3. 字符串变量

C 语言除了允许使用字符常量外，还允许使用字符串常量。字符串常量是一对双引号括起来的字符序列。例如：

"How do you do.", "China", "a"

都是字符串常量。可以输出一个字符串，例如：

printf("How do you do");

不要将字符常量和字符串常量混淆。'a' 是字符常量，"a" 是字符串常量，二者不同。假设 c 被指定为字符常量：

```
char c;
c = 'a';
```

是正确的。而

```
c = "a";
```

是错误的。c＝"CHINA",也是错误的。不能把字符串赋给一个字符常量。

C语言规定:在每一个字符串的结尾加一个"字符串结束标志",以便系统据此判断字符串是否结束。C语言以字符 '\0' 作为字符串结束标志。如果有一个字符串"CHINA",实际上在内存中的是

| C | H | I | N | A | \0 |

它的长度不是5个字符,而是6个字符,最后一个字符为'\0'。但在输出时不输出'\0'。例如在 printf("How do you do. ")中,输出时字符一个一个输出,直到遇到最后的'\0'字符,就知道字符串结束,停止输出。

注意:在写字符串时不必加'\0',它是系统自动加上的。

在 C 语言中没有专门处理字符串的变量,字符串如果需要存放在变量中,需要用字符数组来存放,即用一个字符型数组来存放一个字符串。

问题 2.8　试说明字符串常量和字符型常量的区别。

解答:

(1) 字符型常量是由单引号括起来的,而字符串常量则是由双引号括起来的。

(2) 字符型常量只能表示一个字符,而字符串常量则可以包含1个或多个字符。

(3) 可以将1个字符赋值给一个字符型变量,但不能将1个字符串常量赋值给字符型变量。字符串常量可以用一个字符数组存放。

(4) 字符型常量在存储中只占一个字节,字符串常量占用的存储空间的字节数等于双引号中所包含字符个数加1。

2.2.5　变量的初始化

1. 变量初始化

变量的初始化就是在定义变量的同时,给变量赋一个值。这个值是变量产生后第一次被赋值,所以叫赋初值。例如:int a=3;float x=5.56;char c1='a';只要在定义的时候用赋值运算符赋给该变量一个值就行。

2. 初始化时的问题

(1) int x,y,z=3;

注意:此时只有 z=3,而 x,y 没有初值,其初值也不是 0,而是一个不确定的值,这个值在该变量所能表示的数值范围内,具体是多少并不知道。如果此时使用该变量,系统不会检查、提示,而直接使用其中那个不确定的值,会导致程序出错的。例如:

```
int a,b,c=5;
```

相当于如下两个语句：

```
int a,b,c;
c=5;
```

（2）"int a＝b＝c＝3;"这种写法是不正确的,a、b、c 没有正确定义,应该写成"int a＝3,b＝3,c＝3;"或者写成：

```
int a,b,c;
a=b=c=3;
```

注意：初始化不是在编译阶段完成的,而是在运行时赋予初值的。

任务 2.3　实现人机对话

 任务分析

设计简单计算器,需要输入操作数 1 和操作数 2 的值,程序需要提供人机交互的途径,以便用户输入数据,处理完输入数据之后,再把结果告诉用户,即输出结果。

2.3.1　输入操作数和输出提示信息

C 语言本身不提供输入和输出语句,输入和输出操作是由函数来实现的。在 C 语言的标准函数库中提供了一些用于输入和输出函数,如输出函数 putchar()函数和 printf()函数,输入函数 getchar()函数和 scanf()函数。任务 2.2 确定了一组变量及数据类型,任务 2.3 实现操作数 1 和操作数 2 值的输入,并保存到相应的变量中：

```
printf("请输入第一个操作数:\n");      /* 提示输入信息语句 */
scanf("%d", &oper1);                  /* 输入操作数 1 */
printf("请输入第二个操作数:\n");      /* 提示输入信息语句 */
scanf("%d", &oper2);                  /* 输入操作数 2 */
```

2.3.2　输出函数

C 语言中的输出函数包括 putchar()函数和 printf()函数。

1. putchar()函数

putchar()函数的作用是向终端输出一个字符,例如：

```
putchar(c);
```

输出字符变量 c 的值。c 可以是字符型变量或整型变量。在使用标准 I/O 库函数时,要用预编译命令"#include"将 stdio.h 文件包含到用户源文件中,即

```
#include "stdio.h"
```

stdio.h 是 standard input & output 的缩写,它包含了与标准 I/O 库有关的变量定义和宏定义。在需要使用标准 I/O 库中的函数时,应在程序前使用上述预编译命令。

 试一试

问题 2.9　观察下面程序输出的结果。

【程序代码】

```c
#include "stdio.h"
void main()
{
    char a, b, c, d;
    a='B';
    b='O';
    c='Y';
    d='a';
    putchar(a);
    putchar(b);
    putchar(c);
    putchar(d);                    /*输出小写字母 a*/
    d=d-32;
    putchar(d);                    /*输出大写字母 A*/
}
```

【说明】

(1) 程序运行结果:BOYaA。

(2) 可以输出控制字符,如 putchar('\n')输出一个换行符,也可以输出其他转义字符。

(3) d=d-32 将 d 中的字符的 ASCII 码值取出减去 32 后再存放到 d 中。这是因为,大写字母和其相应的小写字母的 ASCII 码值相差 32,比如大写字母'A'的 ASCII 码值是 65,则小写字母'a'的 ASCII 的码值是 97。

 练一练

练习下面代码并观察输出的结果。

```c
#include "stdio.h"
void main()
{
    putchar('\"');                 /*输出双引号字符*/
    putchar('\x61');               /*输出'a'字符*/
    putchar('\\');                 /*输出\字符*/
}
```

2. printf()函数

printf()函数的作用是向终端输出若干个任意类型的数据(putchar()只能输出字符,

而且只能输出一个字符,而 printf()可以输出多个字符,且为任意字符)。printf()的一般格式为:

　　printf(格式控制,输出列表)

其中,"格式控制"是用双引号括起来的字符串,也称"转换控制字符串",它包含信息格式字符(如%d、%f 等,如表 2.4 所示)和普通字符(需要原样输出的字符)。"输出列表"是一些与"格式字符"中的格式字符一一对应的需要输出的数据,可以是变量或表达式。

表 2.4　输出数据的格式字符表

格式字符	描　　　　述
%d	按整型数据的实际长度输出
%md	m 为指定的输出字段的宽度
%ld	输出长整型数据
%o	以八进制形式输出整数
%x	以十六进制数形式输出整数
%u	输出 unsigned 型数据,即无符号数,以十进制形式输出
%c	输出一个字符
%s	输出一个字符串
%f	输出实数(包括单双精度),以小数形式输出
%lf	输出双精度实型数据
%m.nf	指定数据占 m 列,其中有 n 位小数。如果数值长度小于 m,左端补空格(右对齐)
%−m.nf	指定数据占 m 列,其中有 n 位小数。如果数值长度小于 m,右端补空格(左对齐)
%e	以指数形式输出实数
%g	输出实数,它根据数值的大小,自动选 f 格式或 e 格式(选择输出是占宽度较小的一种),且不输出无意义的零

 试一试

问题 2.10　输出学生的姓名、年龄、学号、成绩、性别等信息。

【程序代码】

```
#include "stdio.h"
void main()
{
    int age=19, num=23;
    float score=87.5;
    char sex='m';                    /* f:女,m:男 */
    printf("Name is Rose\n");
    printf("ID is %d", num);
    printf("Age:%d\tSex:%c\tscore:%f\n", age, sex, score);
}
```

【说明】

(1) 不输出变量或表达式的值,直接输出一个字符串。例如 printf("Name is Rose\n"),其中\n 是转义字符,表示回车换行。

（2）格式化输出。语句 printf("ID is %d"，num)输出"ID is 23"。语句中"ID is %d"是格式控制部分，num 是输出列表。格式控制"ID is %d"中的%d 以十进制整数形式输出变量 num 中的值。

（3）将多个输出项放在一条输出语句中格式输出。语句 printf("Age：%d\tSex：%c\tscore：%f\n"，age，sex，score)将年龄、性别和成绩一起输出。"Age：%d\tSex：%c\tscore：%f\n"是格式控制部分，age、sex、score 是输出列表。其中%d、%c 和%f 是格式控制符，它们指明输出列表中变量 age 以十进制整数形式输出，变量 sex 以字符形式输出，变量 score 以浮点数形式输出，\t 是转义字符，表示将光标移到下一个位置的水平制表符，\n 表示回车换行，其余的字符按原样输出。

（4）"格式控制"部分中的格式控制符与输出列表中变量或表达式要一一对应。

（1）练习下面代码并观察输出的结果。

```c
#include "stdio.h"
void main()
{
    int a=97, b=98;
    printf("%d %d\n", a, b);
    printf("%d, %d\n", a, b);
    printf("%c, %c", a, b);
    printf("a=%d, b=%d", a, b);
}
```

（2）练习下面代码并观察输出的结果。

```c
#include"stdio.h"
main()
{
    int a=15;
    float b=123.1234567;
    double c=12345678.1234567;
    char d='p';
    printf("a=%d,%5d,%o,%x\n",a,a,a,a);
    printf("b=%f,%lf,%5.4lf,%e\n",b,b,b,b);
    printf("c=%lf,%f,%8.4lf\n",c,c,c);
    printf("d=%c,%8c\n",d,d);
}
```

2.3.3　输入函数

C 语言中的输入函数包括 getchar()函数和 scanf()函数。

1. getchar()函数

getchar()函数的作用是从终端输入一个字符。getchar()函数没有参数，其一般格式为：

> ch=getchar();

ch 为一个字符型或整型变量，ch 的值就是从输入设备得到的字符。

 试一试

问题 2.11 从键盘上输入一个字符，然后将其输出。

【程序代码】

```
#include "stdio.h"
void main()
{
    char c;
    c=getchar();
    putchar(c);
}
```

【说明】

（1）getchar()只能接收一个字符。

（2）getchar()函数得到的字符可以赋给一个字符变量或整型变量，也可以不赋给任何变量，作为表达式的一部分。例如，上面代码中的第5、6行可以用下面一行代替：

> putchar(getchar());

 练一练

从键盘上输入一个小写字母，将其转化为大写字母并输出。

2. scanf()函数

getchar()函数只能用来输入一个字符，用 scanf()函数可以用来输入任何类型的多个数据。scanf()的一般格式为：

scanf(格式控制,地址列表)

其中，"格式控制"的含义同 printf()函数，格式字符含义如表 2.5 所示。"地址列表"是由若干个地址组成的列表，可以是变量的地址。

表 2.5 输入数据的格式字符表

格 式 字 符	描　　述	格 式 字 符	描　　述
%d	输入十进制整数	%c	输入一个字符
%o	输入八进制整数	%s	输入一个字符串
%x	输入十六进制整数	%f	以小数形式输入实型数
%u	输入无符号十进制整数	%e	以指数形式输入实型数

试一试

问题 2.12　输入学生的年龄、学号、成绩、性别等信息。

【程序代码】

```
#include "stdio.h"
void main()
{
    int age, num;
    float score;
    char sex;                          /* f:女,m:男 */
    printf("input the information\n");
    scanf("%d%d%f%c", &age, &num, &score, &sex);
    printf("Age:%d\tID:%d\tSex:%c\tscore:%f\n", age, num, sex, score);
}
```

【说明】

（1）scanf("%d%d%f%c", &age, &num, &score, &sex)语句表示用户从键盘输入两个整数,一个浮点型数据,一个字符。其中"%d%d%f%c"是格式控制部分,&age, &num, &score, &sex 是地址列表部分,表示从键盘接收的两个整数第一个给变量 age,第二个给变量 num,接收的第三个浮点型数据给变量 score,接收的第四个字符数据给变量 sex。

（2）"%d%d%f%c"为格式字符,以%开始,以一个格式字符结束。

（3）变量前面加"&"符号,表示取变量的地址。例如 &age 表示取变量 age 的地址。

（4）运行时输入数据,数据之间可以用空格或回车键分隔。

（5）如果在"格式控制"字符串中除了格式说明外还有其他字符,则在输入数据时应输入与这些字符相同的字符。例如:

scanf("%d, %d", &a, &b);

则输入时应用形式:3, 4

（6）scanf()函数中没有精度控制,例如:scanf("%5.2f", &a); 是非法的。不能试图用此语句输入小数为 2 位的实数。

 练一练

用下面的 scanf()函数输入数据,使 a=3,b=7,x=8.5,y=71.82,c1='A',c2='a',问:在键盘上如何输入?

```
#include "stdio.h"
void main()
{
    int a, b;
    float x, y;
    char c1, c2;
    scanf("a=%d  b=%d ", &a, &b);
```

```
    scanf(" x=%f y=%f", &x, &y);
    scanf(" c1=%c, c2=%c", &c1, &c2);
}
```

任务 2.4　执 行 运 算

 任务分析

输入了操作数 1 和操作数 2,就可由下列公式来进行加减乘除运算:

sum=oper1+oper2;
sub=oper1-oper2;
mul=oper1 * oper2;
div=oper1/oper2;

为了正确执行上述运算,首先必须熟悉 C 语言的运算符。

2.4.1　实现计算器的四则运算

运算是对数据进行加工的过程,用来表示各种不同运算的符号称为运算符。参加运算的数据称为运算对象或操作数。用运算符把运算对象连接起来的式子称为表达式。

C 语言的运算符很丰富,包括算术运算符、关系运算符、逻辑运算符、赋值运算符、条件运算符等。

本任务实现简单计算器的加减乘除功能。假设操作数 1 保存在变量 oper1 中,操作数 2 保存在变量 oper2 中,输出两个数的运算结果。

【程序代码】

```c
#include "stdio.h"
void main()
{
    int oper1, oper2, sum, mul, sub;
    double div;
    printf("请输入第一个操作数:\n");          /*输出提示信息*/
    scanf("%d", &oper1);                       /*输入操作数 1*/
    printf("请输入第二个操作数:\n");
    scanf("%d", &oper2);                       /*输入操作数 2*/
    sum=oper1+oper2;
    printf("%d+%d=%d\n", oper1, oper2, sum);
    sub=oper1-oper2;
    printf("%d-%d=%d\n", oper1, oper2, sub);
    mul=oper1 * oper2;
    printf("%d×%d=%d\n", oper1, oper2, mul);
    div=(double)oper1/oper2;
    printf("%d÷%d=%f\n", oper1, oper2, div);
}
```

2.4.2 算术运算符和算术表达式

C语言的算术运算符包括基本算术运算符、强制类型转换运算符和自增、自减运算符。

1. 基本算术运算符

基本算术运算符如表2.6所示。

表2.6　基本算术运算符

运　算　符	含　　义	运　算　符	含　　义
＋	加,如 3＋5	/	除,如 8/4
－	减,如－8	％	求余数,如 9％5
＊	乘,如 6＊8		

问题 2.13　输入一个四位数,求该数个位、十位、百位、千位上的数的和。

【程序代码】

```
#include "stdio.h"
void main()
{
    int num;
    int n1, n2, n3, n4, sum;
    scanf("%d", &num);
    n1=num%10;                    /*求个位数*/
    n2=num/10%10;                 /*求十位数*/
    n3=num/100%10;                /*求百位数*/
    n4=num/1000;                  /*求千位数*/
    sum=n1+n2+n3+n4;
    printf("和为：%d", sum);
}
```

【说明】

(1) 两个整数相除的结果仍为整数,即5/2的值为2,舍去小数部分。

(2) 如果参加运算的两个数中有一个数为实数,则结果为double型,因为C语言中所有实数都按double型进行运算,即5.0/2的值为2.5。

(3) ％运算符的两侧必须都是整型数据。

(4) C语言规定了运算符的优先级和结合性。在表达式求值时,先按运算符的优先级别高低次序执行。

输入一个四位数,如何逆序生成一个新的四位数输出。例如一个数8765,逆序后生成一个新的四位数 5678 并输出。

2. 数值型数据间的混合运算

整型、单精度型、双精度型、字符型数据可以混合运算。例如：

10+'a'+1.5-123.45 * 'b'

是合法的。在进行运算时，不同类型的数据要先转换成同一类型，然后进行运算。转换规则如图 2.3 所示。

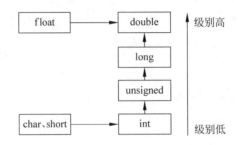

图 2.3 不同数据类型的自动转换规则

转换按数据长度增加的方向进行，以保证不降低精度。如 int 型和 long 型运算时，先把 int 型转换成 long 型后再计算。

所有的浮点运算都是以双精度进行的，即使仅含有 float（单精度）型运算的表达式，也要先转换成 double 型，再作运算。

char 型和 short 型参与运算时，将其先转换成 int 型。

 试一试

问题 2.14 运行下面的程序，观察并分析运行结果。

【程序代码】

```c
#include "stdio.h"
void main()
{
    char ch = 'a';
    int n = 2;
    double ff = 5.31;
    float f = 4.26f;
    printf("ch * n+f * 1.0-ff 的运算结果为：%f", ch * n+f * 1.0-ff);
}
```

【说明】

表达式 ch * n+f * 1.0-ff 的求解过程如下。

(1) 将 ch 转换为 int 型，计算 ch * n。

(2) 将 f 转换为 double 型，计算 f * 1.0。

(3) 将 ch * n 的结果转换为 double 型，然后与 f * 1.0 的结果相加。

（4）将所得的和－ff,整个表达式的结果为 192.950000。

3. 强制类型转换运算符

利用强制类型转换运算符可以将一个表达式转换成所需的类型。例如：

```
(double)a                    /* 将 a 转换成 double 类型 */
(int)(x+y)                   /* 将 x+y 的值转换成整型 */
```

强制类型转换运算符的格式为：

（类型名）（表达式）

注意：表达式应该用括号括起来。如果写成

(int)x+y

则只将 x 转换成整型,然后与 y 相加。

 试一试

问题 2.15　有一个摄氏温度 c,要求输出华氏温度。公式为 f＝5/9＊c＋32。

【程序代码】

```
#include "stdio.h"
void main()
{
    float f, c;
    c=3+22.3;
    f=float(5)/9＊c+32;
    printf("华氏温度为：%f", f);
}
```

【说明】

（1）C语言中有两种类型转换,一种是系统自动进行类型转换,如 3＋22.3。第二种是强制类型转换,当自动类型转换不能达到目的时,可以用强制类型转换。

（2）(float)5/9 将整型常量 5 强制转换为 float,这样(float)5/9 的运算结果就是一个无限循环小数 0.5555,保证了运算结果是正确的。而 5/9 的结果是 0,则致使最后的运算结果错误。这里的(float)5/9 也可以写成 5/(float)9 或 5.0/9 或 5/9.0。

（3）进行强制类型转换运算并不改变数据原来的类型。例如,变量 x＝2.56 为 float 型,则在语句 int i＝(int)x 后,x 的类型不变(仍为 float 型)。

 练一练

输入长方形的长和宽,求长方形的面积和周长。

4. 自增、自减运算符

自增、自减运算符的作用是使变量的值增 1 或减 1,例如：

```
++i,--i        在使用 i 之前,先使 i 的值加(减)1
i++,i--        在使用 i 之后,使 i 的值加(减)1
```

简单地看,++i 和 i++ 的作用相当于 i=i+1。但++i 和 i++ 不同之处在于++i 是先执行 i=i+1 后,再使用 i 的值;而 i++ 是先使用 i 的值后,再执行 i=i+1。

 试一试

问题 2.16 运行下面的程序,观察并分析自增、自减运算符的用法。

【程序代码】

```c
#include "stdio.h"
void main()
{
    int a, b;
    a=8;
    b=a++;
    printf("%d %d\n", a, b);
    b=++a;
    printf("%d %d\n", a, b);
}
```

【说明】

自增运算符(++)、自减运算符(--)只能用于变量,而不能用于常量或表达式,如 5++ 或(a+b)++ 都是不合法的。因为 5 是常量,常量的值不能改变。(a+b)++ 也不可实现,若 a+b 的值为 3,那么自增后得到的 4 无变量可存放。

 练一练

练习下面代码并观察输出的结果。

```c
#include "stdio.h"
void main()
{
    int i=6;
    printf("%d", -i++);
}
```

2.4.3 赋值运算符和赋值表达式

1. 赋值运算符

赋值符号"="就是赋值运算符,它的作用是将一个数据赋给一个变量。其格式为:

　　<变量名>=<表达式>;

它的作用就是将右边表达式的值赋给左边的变量。如"a=3"的作用是执行一次赋值操作。把常量 3 赋值给变量 a,也可以将一个表达式的值赋给一个变量。

2. 复合赋值运算符

在赋值符"="之前加上其他运算符,可以构成复合的运算符。复合算术运算符的格式为:

<变量名> <基本算术运算符>=<表达式>;

它等价于:

<变量名>=<变量名> <基本算术运算符> <(表达式)>

C语言采用这种复合运算符,一是为了简化程序,使程序精练;二是为了提高编译效率,产生质量较高的目标代码。常见的符号运算符如表 2.7 所示。

表 2.7   复合运算符

运算符	例 子	等价于	运算符	例 子	等价于
+=	x+=5	x=x+5	/=	x/=5	x=x/5
-=	x-=5	x=x-5	%=	x%=y+5*z	x=x%(y+5*z)
*=	x*=y+3	x=x*(y+3)			

 试一试

问题 2.17   运行下面的程序,观察并分析用法。

【程序代码】

```
#include "stdio.h"
void main()
{
    int a, b, c, x, y;
    a=2;
    c=3;
    b=2*a+6;
    c*=a+b;
    x=a*a + b + c;
    y=2*a*a*a+3*b*b*b+4*c*c*c;
    printf("%d %d %d %d %d", a, b, c, x, y);
}
```

【说明】

(1) 此处的表达式 y=2*a*a*a+3*b*b*b+4*c*c*c 不可以写成 y=2aaa+3bbb+4ccc。

(2) 可以用赋值表达式同时对多个变量赋同样的值,如 a=b=c=3,表示同时将 3 赋给变量 a、b 和 c,相当于 a=3,b=3,c=3。

(3) 赋值运算符的结合方向是"自右向左",即从右向左计算。如 a=b=c=3*2,先计算 c=3*2,再计算 b=c,最后计算 a=b。

计算函数 $f(x)=2x^3+3x^2+x+1$。编一程序计算并输出 $f(2)$ 的值。

2.4.4 关系运算符

关系运算符是对两个操作数之间进行比较的运算符,其结果只有两种可能"真"或"假",C语言提供了6种关系运算符,如表2.8所示。

表 2.8 关系运算符

运算符	名 称	实例	说 明	运算符	名 称	实例	说 明
>	大于	a>b	a 大于 b	<=	小于或等于	a<=b	a 小于或等于 b
>=	大于或等于	a>=b	a 大于或等于 b	==	等于	a==b	a 等于 b
<	小于	a<b	a 小于 b	!=	不等于	a!=b	a 不等于 b

问题 2.18 运行下面的程序,观察并分析用法。

【程序代码】

```c
#include "stdio.h"
void main()
{
    int a=6, b=3, c=9, d=6;
    int e=c<d;
    printf("a>b 的值为: %d\n", a>b);
    printf("a<b 的值为: %d\n", a<b);
    printf("a>=b 的值为: %d\n", a>=b);
    printf("a<=d 的值为: %d\n", a<=d);
    printf("a>b+c 的值为: %d\n", a>b+c);
    printf("a==d 的值为: %d\n", a==d);
    printf("a!=d 的值为: %d\n", a!=d);
    printf("e 的值为: %d\n", e);
}
```

【说明】

(1) 程序中比较结果为真时,其值为1,比较结果为假时,其值为0。C语言,以1表示真,0表示假。

(2) 关系运算符的优先级低于算术运算符。例如,在 a>b+c 中,先计算 b+c 的值,再进行关系运算。

(3) 关系运算符的优先级高于赋值运算符。例如,在 e=c>d 中,先计算 c>d,再把得到的值赋给 e。

(4) 注意:不要把关系运算符"=="误用为赋值运算符"="。

练一练

练习下面代码并观察输出的结果。

```
#include "stdio.h"
void main()
{
    int a, b, c, d;
    a=10; b=20;
    c=a%b<1;
    d=a/b>1;
    printf("a=%d b=%d c=%d d=%d\n", a, b, c, d);
}
```

2.4.5　逻辑运算符和逻辑表达式

逻辑运算可以表示运算对象的逻辑关系。C语言提供三种逻辑运算符,表2.9给出了C语言中逻辑运算符的种类、功能及运算规则。

表 2.9　逻辑运算符

运算符	名　称	实　例	说　明
!	逻辑非	! a	单目运算符,只要求有一个运算量(操作数)。若a为真,则! a为假;若a为假,则! a为真
&&	逻辑与	a&&b	双目运算符,要求有两个运算量。若a、b都为真,则a&&b为真;若a、b中有一个为假,则a&&b为假
||	逻辑或	a||b	双目运算符,要求有两个运算量。若a、b中有一个为真,则a||b为真;只有当a、b都为假时,a||b才为假

用逻辑运算符将关系表达式或逻辑量连接起来就是逻辑表达式。逻辑表达式的值应该是一个逻辑量"真"或"假"。C语言编译系统在给出逻辑运算结果时,以数值1代表"真",以0代表"假",但在判断一个量是否为"真"时,以0代表"假",以非0代表"真"。即将一个非零的数值认为"真"。

试一试

问题 2.19　运行下面的程序,观察并分析用法。

【程序代码】

```
#include "stdio.h"
void main()
{
    int a=4, b=5;
    printf("a>3&&b<6 的值为: %d\n", a>3&&b<6);
    printf("a>3&&b<4 的值为: %d\n", a>3&&b<4);
    printf("a>3||b<4 的值为: %d\n", a>3||b<4);
```

```
    printf("a<3||b<4 的值为：%d\n", a<3||b<4);
    printf("!a 的值为：%d\n", !a);
    printf("a&&b 的值为：%d\n", a&&b);
    printf("a||b 的值为：%d\n", a||b);
    printf("b||1+1&&!a 的值为：%d\n", b||1+1&&!a);
    printf("'c'&&'d'的值为：%d\n", 'c'&&'d');
}
```

【说明】

（1）由系统给出的逻辑运算结果不是 0 就是 1，不可能是其他数值。

（2）逻辑运算符两侧的运算对象不但可以是 0 或 1，或者是 0 或非 0 的整数，也可以是任何类型的数据，可以是字符型、实型或指针型等。系统最终以 0 和非 0 来判断它们属于"真"或"假"。

（3）要正确书写关系表达式。如果表示"a 大于 20 且小于或等于 50"，在数学中可写为式子：$20<a\leqslant 50$，而在 C 语言中，则应该写成如下表达式：

a>20 && a<=50

（4）算术运算符、关系运算符、逻辑运算符、赋值运算符在一起进行混合运算时，各类运算符的优先级如下（自左至右，从高到低）：

！（非）→ 算术运算符 → 关系运算符 → &&（与）→ ||（或）→ 赋值运算符

问题 2.20　运行下面的程序，观察结果并分析用法。

【程序代码】

```
#include "stdio.h"
void main()
{
    int a=4, b=5;
    printf("a<3&&b==4 的值为：%d", a<3&&b==4);
    printf("b 的值为：%d\n", b);
    printf("a>3||b==7 的值为：%d", a>3||b==7);
    printf("b 的值为：%d\n", b);
}
```

【说明】

（1）在逻辑表达式的求解中，并不是所有的逻辑运算符都被执行，只是在必须执行下一个逻辑运算符才能求出表达式的解时，才执行该运算符。

例如，a<3&&b==4 中，因为 a<3 为 0，则 && 后面的表达式不管是 1 还是 0，整个表达式的值都为 0。所以后面的表达式 b==4 不执行，后面输出的 b 的值还是 5。

（2）例如，a>3||b==7 中，因为 a>3 为 1，则 || 后面的表达式不管是 1 还是 0，整个表达式的值都为 1。所有后面的表达式 b==7 不执行，后面输出的 b 的值还是 5。

判断某一年 year 是否为闰年。闰年的条件是符合下面二者之一：①能被 4 整除，但不能被 100 整除；②能被 400 整除。

2.4.6　逗号运算符与逗号表达式

由逗号运算符和操作数组成的符合语法规则的序列称为逗号表达式,其作用是将若干个表达式连接起来。它们的优先级别在所有的运算符中是最低的,结合方向是从左到右。

逗号表达式的一般形式为:

表达式 1, 表达式 2, 表达式 3, …, 表达式 n

运算过程为:依次计算表达式 1 的值,再计算表达式 2 的值,直至计算完所有的逗号表达式。整个表达式的值为表达式 n 的值。

 试一试

问题 2.21　运行下面的程序,观察并分析用法。

【程序代码】

```
# include "stdio.h"
void main()
{
    int x, y, z;
    z = (x=23, y=12.1, 11.20+x, x+y);        / * 逗号表达式 * /
    printf("z 的值为: %d", z);
}
```

【说明】

(1) 逗号表达式由 4 个表达式组成,其运算顺序为:将 23 赋给变量 x,将 12.1 赋给变量 y,11.20 与变量 x 的值相加,结果为 34.20,作为第 3 个表达式的值,再计算 x+y,结果为 35.1,作为第 4 个表达式的值,所以输出 z 的值为 35。

(2) 逗号运算符是所有运算符中级别最低的,具有从左至右的结合性。

(3) 逗号表达式的使用不太多,一般是在给循环变量赋初值时才用到。

(4) 并不是所有出现在程序中的逗号都是逗号表达式。例如,函数参数也是用逗号来间隔的。例如:

printf("%d %d %d", a, b, c);

这里的"a, b, c"并不是逗号表达式,它是 printf()函数的三个参数,参数间用逗号隔开。

 练一练

(1) 判断 int p, w, x=8, y=10, z=12;是否为逗号表达式。

(2) 如(1)题定义变量后,计算下面代码执行完后 p、w、x、y、z 的值。

w = (x++, y, z+3) −5;
p=x+5, y+x, z;

任务 2.5 任 务 拓 展

2.5.1 程序举例

在前面几个任务中介绍了输入和输出函数及 C 语言的算术运算符、赋值运算符、复合运算符、自增自减运算符及逗号表达式，下面通过例子来巩固前面所介绍的知识。

 试一试

问题 2.22 输入三角形的三边长，求三角形的面积。

分析：

（1）定义三个变量 a、b、c 存放输入的三条边的值，定义变量 area 存放三角形的面积。由于在求三角形的面积时用海伦公式 area $= \sqrt{s(s-a)(s-b)(s-c)}$，其中 s 是三角形周长的 1/2，所以还需要定义变量 s。

（2）area $= \sqrt{s(s-a)(s-b)(s-c)}$ 在程序中的表达式为：area $=$ sqrt（s $*$ （s$-$a）$*$ （s$-$b）$*$ （s$-$c）），即根号用 sqrt() 函数表示。只要在程序的前面加上库函数 math.h 即可。

【程序代码】

```
# include "stdio.h"
# include "math.h"
void main()
{
    float a, b, c, area, s;
    scanf("%f, %f, %f", &a, &b, &c);              /* 输入三角形的三条边 */
    s=1.0/2 * (a+b+c);
    area=sqrt(s * (s-a) * (s-b) * (s-c));         /* 计算面积 */
    printf("a=%f, b=%f, c=%f, s=%f\n", a, b, c, s);   /* 输出三条边和 s */
    printf("area=%f\n", area);                    /* 输出面积 */
}
```

问题 2.23 输入圆半径，求圆的面积和周长。圆周率的值取 3.14。

分析：

（1）定义三个变量，即半径 r、面积 s 和周长 c。

（2）在程序中 # define PI 3.14 的意思是定义一个符号常量 PI，其值为 3.14。符号常量的命名规则与变量名一样，但习惯上，符号常量常用大写字母表示。

【程序代码】

```
# include "stdio.h"
# define PI 3.14                        /* 定义一个符号常量 PI，其值为 3.14 */
void main()
{
    float r, s, c;
    printf("请输入圆的半径 r:");
```

```
    scanf("%f", &r);                        /*输入半径*/
    s=PI*r*r;                               /*计算面积*/
    c=2*PI*r;                               /*计算周长*/
    printf("圆的面积 s 为: %f\n 圆的周长 c 为: %f\n", s, c);
}
```

问题 2.24　求方程 $ax^2+bx+c=0$ 的实数根。a、b、c 由键盘输入,a≠0 且 $b^2-4ac>0$。

分析:

(1) 定义 6 个变量,即系数 a、b、c,两个解 x1、x2 及中间值 disc。

(2) 计算判别式 $disc=b^2-4ac$,然后再根据公式 $(-b\pm\sqrt{b^2-4ac})/(2a)$ 计算出解,最后输出结果。

【程序代码】

```
#include "stdio.h"
#include "math.h"
void main()
{
    float a, b, c, disc, x1, x2;
    printf("请输入方程 a, b, c 的值:");
    scanf("%f%f%f ", &a, &b, &c);                /*输入三条边*/
    disc=b*b-4*a*c;
    x1=(-b+sqrt(disc))/(2*a);                     /*计算出 x1*/
    x2=(-b-sqrt(disc))/(2*a);                     /*计算出 x2*/
    printf("方程的根为 x1=%f, x2=%f\n", x1, x2);    /*输出结果*/
}
```

2.5.2　自己动手

(1) 分析下列程序,并上机运行。

```
#include "stdio.h"
void main()
{
    int a, b, d=25;
    a=d/10%9;
    b=a&&(-1);
    printf("%d, %d\n", a, b);
}
```

(2) 分析下列程序,并上机运行。

```
#include "stdio.h"
void main()
{
    int a, b, c;
    a=10;
    b=20;
```

```
    c=(a%b<1)||(a/b>1);
    printf("a=%d, b=%d, c=%d\n", a, b, c);
}
```

（3）分析下列程序，并上机运行。

```
#include "stdio.h"
void main()
{
    float k;
    float x=3.5, y=2.5;
    int a=2, b=4;
    k=(float)(a+b)/2+(int)x%(int)y;
    printf("%f\n", k);
}
```

（4）编辑以下程序，对程序进行分析，查看程序在下列各种情况下的输出结果有什么
变化，然后上机运行该程序，看实际结果与所分析的有何不同，找出原因。

```
#include "stdio.h"
void main()
{
    int x, y, t;
    double a;
    float b;
    int c;
    scanf("%d%d", &x, &y);
    c=b=a=20/3;
    t=(x%y, x/y);
    printf("%d%d\n", x--, --y);
    printf("%d\n", t);
    printf("%d\n", (x=5*6, x*4, x+5));
    printf("%d%f%f\n", c, b, a);
}
```

习 题 2

1. 选择题

（1）以下不合法的用户标识符是（   ）。

    A. above   B. all   C. _end   D. #def

（2）设 d 为字符变量，下列表达式正确的是（   ）。

    A. d=678   B. d='a'   C. d="a"   D. d='gda'

（3）设变量已正确定义并赋值，以下正确的表达式是（   ）。

    A. x=y*5=x+z   B. int(15.8%5)

    C. x=y+z+5, ++y   D. x=25%5.0

（4）以下选项中正确的定义语句是（　　）。

　　A. double a；b；　　　　　　　　B. double a＝b＝7；

　　C. double a＝7，b＝7；　　　　　D. double，a，b；

（5）以下不能正确表示代数式$\dfrac{2ab}{cd}$的 C 语言表达是（　　）。

　　A. 2＊a＊b/c/d　　　　　　　　　B. a＊b/c/d＊2

　　C. a/c/d＊b＊2　　　　　　　　　D. 2＊a＊b/c＊d

（6）表达式(int)((double)9/2)－(9)%2 的值是（　　）。

　　A. 0　　　　　　B. 3　　　　　　C. 4　　　　　　D. 5

（7）C 语言程序中，条件"10＜x＜20 或 x＞30"的正确表达式是（　　）。

　　A. (x＞10&&x＜20)&&(x＞30)　　B. (x＞10&&x＜20)||(x＞30)

　　C. (x＞10||x＜20)||(x＞30)　　　D. (x＞10&&x＜20)||!(x＜30)

（8）假设 x,y,z 为整型变量,且 x＝2,y＝3,z＝10,则下列表达式中值为 1 的是（　　）。

　　A. x&&y||z　　　　　　　　　　B. x＞y

　　C. (!x&&y)||(y＞z)　　　　　　D. x&&!z||!(y&&z)

（9）C 语言程序中，"#define PI 3.14"将 3.14 定义为（　　）。

　　A. 符号常量　　　B. 字符常量　　　C. 实型常量　　　D. 变量

（10）下列转义字符的表示中,错误的是（　　）。

　　A. '\n'　　　　　B. '\101'　　　　C. '\''　　　　　D. '\108'

2. 填空题

（1）已有定义 char c＝' '；int a＝1，b；(此处 c 的初值为空格字符)，执行 b＝!c&&a；后,b 的值为＿＿＿＿＿＿。

（2）设变量 n 和 i 已正确定义为整型，则表达式 n＝i＝2，＋＋i，i＋＋ 的值为＿＿＿＿＿＿。

（3）设变量 a 和 b 已正确定义并赋初值。请写出与 a－＝a＋b 等价的赋值表达式＿＿＿＿＿＿。表达式(int)((double)(5/2)＋2.5)的值是＿＿＿＿＿＿。

（4）若有定义语句 int a＝5；,则表达式 a＋＋ 的值是＿＿＿＿＿＿。

（5）若有语句 double x＝17；int y；,当执行 y＝(int)(x/5)%2；之后,y 的值为＿＿＿＿＿＿。

（6）以下程序的输出结果是＿＿＿＿＿＿。

```c
#include "stdio.h"
void main()
{
    int x=10, y=10;
    printf("%d, %d\n", x--, --y);
}
```

（7）在 C 语言中，系统在每一个字符串的结尾自动加一个"字符串结束标志符"即＿＿＿＿＿＿,以便系统据此数据判断字符串是否结束。

(8) 如下代码：

```
#include "stdio.h"
void main()
{
    int i, j, m, n;
    i=8; j=10;
    m=++i;
    n=j++;
    printf("%d, %d, %d, %d\n", i, j, m, n);
}
```

运行后 i，j，m，n 的值是_____。

3. 编程题

(1) 设圆的半径 r=1.5，圆柱体 h=3，求圆周长、圆面积、圆柱体表面积、圆柱体体积。用 scanf() 输入数据，输出计算结果。

(2) 输入一个字母字符，输出它的前驱字符和后继字符。

项目 3

设计高级计算器

 项目要点

- if 语句的三种基本形式及条件运算符和条件表达式
- switch 语句的形式和应用
- while 及 do-while 语句的一般形式和应用
- for 语句的一般形式和应用
- break 及 continue 语句的应用

 学习目标

- 掌握 if 语句及条件运算符的使用方法
- 熟悉 switch 语句的使用
- 熟练掌握三种循环语句的使用
- 掌握 break 及 continue 语句的使用方法

 工作任务

项目 2 设计了一个简单计算器,它只能实现加减乘除运算。本项目要完善简单计算器的功能,设计一个高级计算器,它不但能根据用户的需要选择加减乘除运算(即设计计算器的菜单界面),还能判断用户输入数据的合法性(例如除数不能为 0),并且能计算一系列数的累加和及阶乘。高级计算器的程序运行结果如图 3.1 所示。

 引导问题

(1) 如何处理除数不能为 0 的情况?
(2) 如何对高级计算器的功能进行选择并设计菜单界面?
(3) 如何实现累加和功能?如何实现阶乘功能?
(4) 各种循环语句有何区别?该如何选择使用?
(5) break 及 continue 语句是如何实现转移控制的?

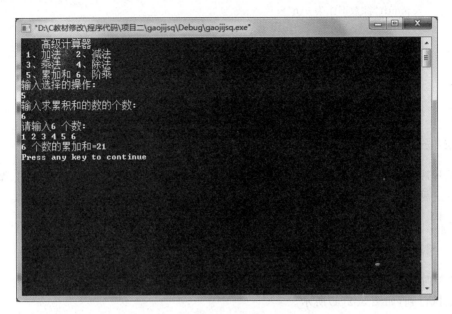

图 3.1 高级计算器的程序运行结果

任务 3.1 完善除法功能

 任务分析

在进行除法运算时,除数是不能为 0 的。任务 3.1 将完善简单计算器的除法功能,处理除数为 0 的情况。首先判断除数是否为 0,如果为 0,则输出出错信息;如果除数不为 0,则进行除法运算。这需要引入新的控制结构——选择结构来实现,if-else 是 C 语言实现选择结构的语句。

3.1.1 完善除法运算

完善简易计算器的除法功能,使用 if-else 语句解决除数为 0 的问题,解决方法可参考如下程序。

```c
#include "stdio.h"
void main()
{
    int oper1, oper2;
    double div;
    printf("请输入第一个操作数:\n");
    scanf("%d", &oper1);
    printf("请输入第二个操作数:\n");
    scanf("%d", &oper2);
    if(oper2==0)            /* 判断除数是否为 0 */
```

```
        printf("除数不能为 0\n");
    else
    {
        div=(double)oper1/oper2;
        printf("%d÷%d=%f\n", oper1, oper2, div);
    }
}
```

3.1.2　三种基本控制结构

从程序流程的角度来看,程序可以分为三种基本结构,即顺序结构、选择结构、循环结构。这三种基本结构可以组成所有的各种复杂程序。C语言提供了多种语句来实现这些程序结构。

1. 顺序结构

在顺序结构程序中,各语句(或命令)是按照位置的先后次序顺序执行的,且每个语句都会被执行到,如图3.2(a)所示。

2. 选择结构

选择结构对条件进行判断,当条件成立或不成立时分别执行不同的语句序列。不管执行哪一个语句序列,执行结束后,控制都转移到同一出口的地方。要设计选择结构程序,要考虑两个方面的问题:一是在C语言中如何来表示条件;二是在C语言中实现选择结构用什么语句。在C语言中表示条件,一般用关系表达式或逻辑表达式,实现选择结构用 if 语句或 switch 语句,如图3.2(b)所示。

3. 循环结构

循环结构是程序中一种很重要的结构。在这种结构中,给定的条件称为循环条件,反复执行的程序段称为循环体。其特点是,在给定条件成立时,循环结构反复执行循环体,直到条件不成立时终止循环,控制转移到循环体外。C语言提供了多种循环语句,可以组成各种不同形式的循环结构。在C语言中,可用 for 语句、do-while 语句、while 语句实现循环,如图3.2(c)所示。

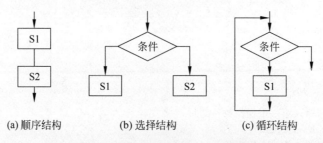

(a)顺序结构　　　(b)选择结构　　　(c)循环结构

图 3.2　三种基本控制结构流程图

3.1.3 if 语句

用 if 语句可以构成选择结构,它根据给定的条件进行判断,以决定执行某个分支程序段。C 语言的 if 语句有三种基本形式。

1. if(表达式)语句

其语义是:如果表达式的值为真,则执行其后的语句,否则不执行该语句。

if(表达式)语句执行过程如图 3.3 所示。

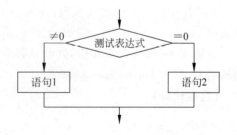

图 3.3 if(表达式)语句流程图

 试一试

问题 3.1 输入两个整数,输出其中的较大数。

【程序代码】

```
#include "stdio.h"
void main( )
{
    int a, b, max;                /* max 表示当前的最大值 */
    printf(" input two numbers:\n ");
    scanf("%d%d", &a, &b);        /* 输入两个整数 */
    max=a;
    if (max<b) max=b;             /* if 语句 */
    printf("max=%d", max);
}
```

【说明】

本程序中,输入两个整数 a 和 b。把 a 先赋予变量 max,再用 if 语句判别 max 和 b 的大小,如 max 小于 b,则把 b 赋予 max。因此 max 中总是大数,最后输出 max 的值。

2. if-else 语句

if-else 语句的一般形式为:

if(表达式)语句 1;
else 语句 2;

其语义是:如果表达式的值为真,则执行语句 1,否则执行语句 2。其执行过程如图 3.4 所示。

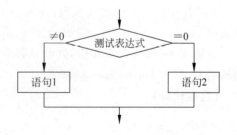

图 3.4 if-else 语句流程图

 试一试

问题 3.2 输入两个整数,输出其中的较大数(改用 if-else 语句实现)。

【程序代码】

```
#include "stdio.h"
void main( )
{
    int a, b;
    printf("input two numbers: ");
    scanf("%d%d", &a, &b);
    if(a>b)
        printf("max=%d\n", a);
    else
        printf("max=%d\n", b);
}
```

【说明】

此程序使用 if-else 语句实现,先判别 a,b 的大小,若 a 大,则输出 a,否则输出 b。

问题 **3.3**　输入两个数,要求从大到小输出这两个数。

【程序代码】

```
#include "stdio.h"
void main( )
{
    int a, b;
    printf("input two numbers: ");
    scanf("%d%d", &a, &b);
    if(a>b)
        printf("%d, %d\n", a, b);
    else
        printf("%d, %d\n", b, a);
}
```

【说明】

此程序中用 if-else 语句实现,先判别 a,b 的大小,若 a 大于 b,则按顺序输出 a,b,否则输出 b,a。

问题 **3.4**　输入一个年份,判断是否为闰年,是闰年输出为"×× is a leap year!",否则输出为"×× isn't a leap year!"。

【程序代码】

```
#include "stdio.h"
void main()
{
    int year;
    scanf("%d", &year);
    if((year%4==0&&year%100!=0)||(year%400==0))        /* 判断是否为闰年 */
        printf("%d is a lear year!\n", year);
    else
        printf("%d isn't a lear year!\n", year);
}
```

【说明】

此程序中用 if-else 语句实现判断是否为闰年,其中要特别注意逻辑运算符的运用。

3. if-else-if 形式

当有多个分支选择时,可采用此 if-else-if 形式的语句。

其一般形式为:

if(表达式 1) 语句 1;
else if(表达式 2) 语句 2;
else if(表达式 3) 语句 3;
    ...
else if(表达式 n−1) 语句 n−1;
else 语句 n;

其语义是:依次判断表达式的值,当出现某个值为真时,则执行其对应的语句,然后跳到整个 if 语句之外继续执行程序。如果所有的表达式均为假,则执行语句 n,然后继续执行后续程序。如图 3.5 所示。

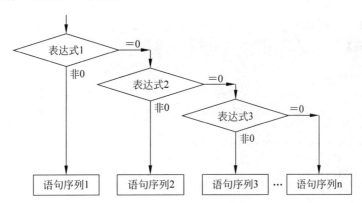

图 3.5 if-else if 语句流程图

 试一试

问题 3.5 编写程序,判断键盘输入字符的类别。

【程序代码】

```
# include "stdio.h"
void main( )
{
    char c;
    printf("input a character: ");
    c=getchar( );                    /* 从键盘上接收一个字符 */
    if(c<32)
        printf("This is a control character\n");
    else if(c>='0'&&c<='9')          /* 判断是否为数字字符 */
        printf("This is a digit\n");
```

```
        else if(c>='A'&&c<='Z')              /*判断是否为大写字母*/
            printf("This is a capital letter\n");
        else if(c>='a'&&c<='z')              /*判断是否为小写字母*/
            printf("This is a small letter\n");
        else
            printf("This is an other character\n");
    }
```

【说明】

本程序要求判断键盘输入字符的类别。可以根据输入字符的 ASCII 码来判断类型。由 ASCII 码表可知 ASCII 值小于 32 的为控制字符。在'0'和'9'之间的为数字,在'A'和'Z'之间为大写字母,在'a'和'z'之间为小写字母,其余则为其他字符。这是一个多分支选择的问题,用 if-else-if 语句编程,判断输入字符 ASCII 码所在的范围,分别给出不同的输出。例如输入为'g',输出显示它为小写字符。

问题 3.6 根据输入的 x 的值,求方程 $y=f(x)$ 的值。

$$y=\begin{cases} x+1 & x<0 \\ x & x=0 \\ x-1 & x>0 \end{cases}$$

【程序代码】

```
#include "stdio.h"
void main()
{
    int x,y;
    printf("please input x:");
    scanf("%d",&x);
    if(x==0)
        y=x;
    else if(x<0)
        y=x+1;
    else
        y=x-1;
    printf("y=%d\n",y);
}
```

【说明】

(1) 当 x=0 时,y=x。

(2) 当 x!=0 时,判断 x>0 时,y=x+1。

(3) 当 x!=0 时,判断 x<0 时,y=x-1。

3.1.4　if 语句使用注意事项

(1) 在三种形式的 if 语句中,if 关键字之后均为表达式。

该表达式通常是逻辑表达式或关系表达式,但也可以是其他表达式,如赋值表达式等,甚至也可以是一个变量。例如:"if(a=5);"语句和"if(b) ;"语句都是被允许的。只要表达式的值为非 0,即为"真"。如在"if(a=5)…;"中表达式的值永远为非 0,所以其后的语句总是要执行的,当然这种情况在程序中不一定会出现,但在语法上是合法的。又如,有程序段:

```
if(a=b) printf("%d", a);
else printf("a=0");
```

本语句的语义是,把 b 值赋予 a,如为非 0 则输出该值,否则输出"a=0"字符串。这种用法在程序中是经常出现的。

(2) 在 if 语句中,条件判断表达式必须用括号括起。

(3) 在 if 语句的三种形式中,所有的语句应为单个语句,如果要想在满足条件时执行一组(多个)语句,则必须把这一组语句用{ }括起来组成一个复合语句。但要注意的是在"}"之后不能再加分号。例如:

```
if (a>b) {a++; b++; }
else { a=0; b=10; }
```

3.1.5 条件运算符和条件表达式

如果在条件语句中,只执行单个的赋值语句时,常可使用条件表达式来实现,不但使程序简洁,还提高了运行效率。

(1) 条件运算符:它是一个三目运算符,由"?"与":"组成。

(2) 条件表达式:由条件运算符组成条件表达式。

一般形式为:表达式 1? 表达式 2: 表达式 3

其求值规则为:如果表达式 1 的值为真,则以表达式 2 的值作为整个条件表达式的值,否则以表达式 3 的值作为整个条件表达式的值。条件表达式通常用于赋值语句之中。例如条件语句:

```
if(a>b) max=a;
else max=b;
```

可用条件表达式写为:

```
max=(a>b)?a:b;
```

执行该语句的语义是:如 a>b 为真,则把 a 赋予 max,否则把 b 赋予 max。

(3) 使用条件表达式时,应注意以下几点:

① 条件运算符的运算优先级低于关系运算符和算术运算符,但高于赋值符。因此,"max=(a>b)? a:b"可以去掉括号而写为"max=a>b? a:b"。

② 条件运算符"?"和":"是一对运算符,不能分开单独使用。

③ 条件运算符的结合方向是自右至左。

例如:

"a>b? a:c>d? c:d"应理解为"a>b? a:(c>d? c:d)",这也就是条件表达式嵌套

的情形,即其中的表达式 3 又是一个条件表达式。

试一试

问题 3.7 输入两个整数,输出其中的较大数(改用条件表达式来实现)。

【程序代码】

```c
#include "stdio.h"
void main( )
{
    int a, b;
    printf("\n input two numbers: ");
    scanf("%d%d", &a, &b);
    printf("max=%d\n", a>b?a:b);
}
```

【说明】

本程序中,输入两个整数 a 和 b。直接用条件表达式"a>b? a:b",求出 a 和 b 的最大值,并直接输出这个最大值。

练一练

(1) 输入一个字符,判别它是否为大写字母。如果是,将转换成小写字母;如果不是,则不转换,然后输出得到的字符。

```c
#include "stdio.h"
void main( )
{
    char ch, c;
    scanf("%c", &ch);
    if(ch>='A'&&ch<='Z')
        c=ch+32;
    else c=ch;
    printf("%c", c);
}
```

【说明】

本程序中,输入任何一个字符,如果是大写字母,就将其转换成小写字母,否则不转换,然后输出得到的字符。本程序也可以用条件表达式语句来实现,程序代码如下:

```c
#include "stdio.h"
void main( )
{
    char ch, c;
    scanf("%c", &ch);
    c=(ch>='A' && ch<='Z') ? ch+32:ch;
    printf("%c", c);
}
```

（2）输入一个整数，判断它的正负和奇偶。

（3）输入 3 名学生 C 语言课程的成绩，计算出总分、平均分，找出最高分和最低分。

任务 3.2　设计高级计算器的菜单

 任务分析

设计高级计算器的菜单界面，使程序运行时，显示高级计算器的功能菜单。用户根据需要，选择操作，执行相应的功能，如图 3.6 所示。由于本任务分支较多，有 6 个分支，可以用 if-else-if 形式来完成，但这样比较麻烦。本任务引入新的实现多路选择的语句——开关语句 switch 来实现。

图 3.6　高级计算器

3.2.1　实现菜单功能

使用 printf()函数和 switch 语句，设计高级计算器的菜单界面，程序运行时，显示高级计算器的菜单，用户根据需要输入相应的功能选项，完成相应的操作。解决方法可参考如下程序。

```c
#include"stdio.h"
void main()
{
    int oper1, oper2, choice;
    int sum, sub, mul;
    double div;
    char opnd;
```

```
        printf(" 高级计算器\n");                    /* 菜单设计 */
        printf(" 1.加法      2.减法\n");
        printf(" 3.乘法      4.除法\n");
        printf(" 5.累加和   6.阶乘\n");
        printf("输入选择的操作:\n");
        scanf("%d", &choice);                       /* 功能的选择 */
        if(choice>=1&&choice<=4)
        {
            printf("输入第一个操作数:\n");
            scanf("%d", &oper1);
            printf("输入第二个操作数:\n");
            scanf("%d", &oper2);
        }
        switch(choice)
        {
            case 1: sum=oper1+oper2;
                printf("%d+%d=%d\n", oper1, oper2, sum);
                break;
            case 2: sub=oper1-oper2;
                printf("%d-%d=%d\n", oper1, oper2, sub);
                break;
            case 3: mul=oper1*oper2;
                printf("%d×%d=%d\n", oper1, oper2, mul);
                break;
            case 4: if(oper2!=0)
                {
                    div=(double)oper1/oper2;
                    printf("%d÷%d=%f\n", oper1, oper2, div);
                    break;
                }
                else
                    printf("除数为 0\n");
                break;
            default: printf("选择错误!\n");
        }
    }
```

3.2.2　switch 语句(不带 break)

switch 语句(不带 break)的一般形式为:

```
switch(表达式)
{
    case 常量表达式 1: 语句 1;
    case 常量表达式 2: 语句 2;
    …
    case 常量表达式 n: 语句 n;
    [default : 语句 n+1;]
}
```

【说明】

"表达式"必须放在圆括号中;"常量表达式"与关键字 case 之间必须用空格隔开;default 适合于表达式的值不是常量表达式 1～n 的情况,也可以省略。

本语句的语义是计算表达式的值,并逐个与其后的常量表达式值相比较,当表达式的值与某个常量表达式的值相等时,即执行其后的语句,然后不再进行判断,继续执行后面所有 case 后的语句。如表达式的值与所有 case 后的常量表达式均不相同时,则执行 default 后的语句。

 试一试

问题 3.8 从键盘输入一个数字(1～7),输出一个对应的英文星期单词。

【程序代码】

```c
#include "stdio.h"
void main( )
{
    int weekday;
    printf("input integer number: ");
    scanf("%d", & weekday);
    switch(weekday)
    {
        case 1: printf("Monday\n");
        case 2: printf("Tuesday\n");
        case 3: printf("Wednesday\n");
        case 4: printf("Thursday\n");
        case 5: printf("Friday\n");
        case 6: printf("Saturday\n");
        case 7: printf("Sunday\n");
        default: printf("error\n");
    }
}
```

【说明】

本程序是要求输入一个数字,输出一个英文单词。但是当输入 3 之后,却执行了 case 3 以及以后的所有语句,输出了 Wednesday 及以后的所有单词。这当然是不希望出现的结果。

为什么会出现这种情况呢?这恰恰反映了 switch 语句的一个特点:在 switch 语句中,"case 常量表达式"只相当于一个语句标号,表达式的值和某标号相等则转向该标号执行,但不能在执行完该标号的语句后自动跳出整个 switch 语句,所以出现了继续执行所有后面 case 语句的情况。这是与前面介绍的 if 语句完全不同的,应特别注意。

3.2.3 switch 语句(带 break)

switch 语句(带 break)一般形式为:

switch(表达式)

```
{
    case 常量表达式 1: 语句 1; break;
    case 常量表达式 2: 语句 2; break;
    ...
    case 常量表达式 n: 语句 n; break;
    [default : 语句 n+1; [break; ]]
}
```

为了避免上述问题中不希望出现的结果,C 语言提供了 break 语句,用于跳出 switch 语句,break 语句只有关键字 break,没有参数。在后面还将详细介绍。修改上述问题的程序,在每个 case 语句之后增加 break 语句,使每一次执行之后均可跳出 switch 语句,从而避免输出不应有的结果。执行流程如图 3.7 所示。

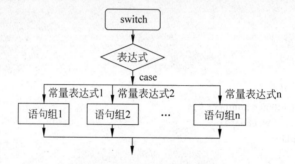

图 3.7   switch 语句执行流程

 试一试

问题 3.9   输入一个数字,则输出一个英文单词。

【程序代码】

```c
#include "stdio.h"
void main( )
{
    int a;
    printf("input integer number: ");
    scanf("%d", &a);
    switch(a)
    {
        case 1: printf("Monday\n"); break;
        case 2: printf("Tuesday\n"); break;
        case 3: printf("Wednesday\n"); break;
        case 4: printf("Thursday\n"); break;
        case 5: printf("Friday\n"); break;
        case 6: printf("Saturday\n"); break;
        case 7: printf("Sunday\n"); break;
        default: printf("error\n");
    }
}
```

【说明】

根据 break 语句的使用特点,当输入 1~7 之间任何一个值之后,都会输出相应的一个单词,若输入其他数字,则会输出 error。这就是希望出现的结果。

问题 3.10 编写程序,计算运输公司收取用户的运费,路程(s)越远,每千米运费越低。标准如下:

s<=250	没有折扣
250<=s<500	2%折扣
500<=s<1000	5%折扣
1000<=s<2000	8%折扣
2000<=s<3000	10%折扣
s>=3000	15%折扣

设每千米每吨货物的基本运费为 p,货物重为 w,距离为 s,折扣为 d,则总运费的计算公式为:

$$f = p \times w \times s \times (1-d)$$

【程序代码】

```c
# include "stdio.h"
void main( )
{
    int c, s;
    float p, w, d, f;
    printf("请输入基本运费,货物重量,距离: ");
    scanf("%f%f%d", &p, &w, &s);
    if(s>=3000) c=12;
    else c=s/250;            /* 把 0~3000 连续数值区间转换成 12 个区间 */
    switch (c)
    {
        case 0: d=0; break;
        case 1: d=2; break;
        case 2:
        case 3: d=5; break;
        case 4:
        case 5:
        case 6:
        case 7: d=8; break;
        case 8:
        case 9:
        case 10:
        case 11: d=10; break;
        case 12: d=15; break;
    }
    f=p*w*s*(1-d/100.0);
    printf("总运费=%15.4f\n", f);
}
```

【说明】

本程序中面临的问题是公司对不同的路程采用了 5 种折扣,但实际上路程值有无数种,要把这无数种路程变为若干个值。通过观察,可以把 250 千米作为一个参考值,这样就是把所有路程变成 13 种情况,分别是 0,1,2,…,12。而其中 0 享受的是没有折扣;1 享受的是 2% 折扣;2、3 享受的是 5% 折扣;4、5、6、7 享受的是 8% 折扣;以此类推。

注意:用 switch 语句解题的关键是要把多种情况分成若干个有限的值。

问题 3.11   判断输入的两个数是大于 0 还是小于 0。

【程序代码】

```c
#include "stdio.h"
void main()
{
    int a,b;
    printf("enter 2 number:");
    scanf("%d,%d",&a,&b);
    switch(a>0)
    {
        case 1:switch(b>0)
            {
                case 1:printf("a>0 and b>0\n");break;
                case 0:printf("a>0 and b<0\n");break;
            }
            break;          /* 注意此 break 语句不能少 */
        case 0:switch(b<0)
            {
                case 0:printf("a<0 and b>0\n");break;
                case 1:printf("a<0 and b<0\n");break;
            }
            break;
    }
    printf("\n");
}
```

【说明】

case 的嵌套语句要注意与 break 配套,若没有中间的 break 语句,则会执行下一个 case 语句。

3.2.4　switch 语句使用注意事项

(1) 在每个 case 后的各常量表达式的值应互不相同,否则会出现错误。

(2) 在每个 case 后允许有多个语句,可以不用花括号括起来。

(3) 许多个 case 可共用一个语句序列。

(4) 如果每个 case 中都有 break 语句,那么 case 和 default 出现的次序不会影响程序的运行结果。

(5) default 子句可以省略不用。

（6）字符常数出现在 case 中，它们会自动转换成整型。

（7）switch 可以嵌套使用，要求内层的 switch 必须完全包含在外层的某个 case 中。

（8）switch 语句只能进行相等性检查，而 if 语句不但可进行相等性检查，还可以计算关系或逻辑表达式。因此 switch 语句不能完全替代 if 语句。

 练一练

（1）输入学生的成绩等级，输出学生的成绩分数段。输入 'A'级，输出 90 分以上；输入 'B'级，输出 80～89 分；输入 'C'级，输出 70～79 分；输入 'D'级，输出 60～69 分；输入 'E'级，输出 60 分以下。

（2）输入学生的百分制成绩，然后输出该学生的成绩等级 A、B、C、D、E。90 分以上为 'A'级，80～89 分为 'B'级，70～79 分为 'C'级，60～69 分为 'D'级，60 分以下为 'E'级。

提示：把多种情况分成若干个有限的值。

任务 3.3　实现累加和与阶乘运算

 任务分析

本任务实现高级计算器的累加和及阶乘功能。累加和就是一系列的数据之和。比如求 10 个数之和。按照前面学过的方法，求 10 个数之和，显然定义 10 个变量 x1, x2,…, x10，然后在程序中表示 sum＝x1＋x2＋…＋x10 来实现，这显然是不科学的。

那么如何解决这个问题呢？其实，经过分析就会发现，求 10 个数之和的步骤是：先输入第一个数，然后将这个数加到当前总和中，接下来，输入第二个数，再将第二个数加入当前总和中……不断重复，直到第 10 个数输入并加入到总和为止。其实重复就是循环。本任务引入新的控制结构——循环结构。

3.3.1　计算累加和与阶乘

要实现累加和功能及阶乘功能，可分别使用 for 语句、while 语句、do-while 语句。下面以 for 语句为例来实现，其他语句读者自行思考完成。

【程序代码】

```
#include"stdio.h"
void main()
{
    int oper1, oper2, choice, n, s＝0, x, i;
    int sum, sub, mul, t＝1;
    double div;
    char opnd;
    printf(" 高级计算器\n");
    printf(" 1,加法 2,减法\n");
    printf(" 3,乘法 4,除法\n");
    printf(" 5,累加和 6,阶乘\n");
```

```
printf("输入选择的操作:\n");
scanf("%d", &choice);/* 选择操作类型 */
if(choice>=1&&choice<=4)
{
    printf("输入第一个操作数:\n");
    scanf("%d", &oper1);
    printf("输入第二个操作数:\n");
    scanf("%d", &oper2);
}
switch(choice)
{
    case 1:
        sum=oper1+oper2;
        printf("%d+%d=%d\n", oper1, oper2, sum);
        break;
    case 2:
        sub=oper1-oper2;
        printf("%d-%d=%d\n", oper1, oper2, sub);
    break;
    case 3:
        mul=oper1 * oper2;
        printf("%d×%d=%d\n", oper1, oper2, mul);
        break;
    case 4:
        if(oper2!=0)
        {
            div=(double)oper1/oper2;
            printf("%d÷%d=%f\n", oper1, oper2, div);
            break;
        }
        else
            printf("除数为 0\n");
        break;
    case 5:
        printf("输入求累积和的数的个数:\n");
        scanf("%d", &n);
        printf("请输入%d 个数:\n", n);
        if(n==0) t=1;
          for(i=0; i<n; i++)
        {
            scanf("%d", &x);
            s=s+x;
        }
        printf("%d 个数的累加和=%d\n", n, s);
        break;
    case 6:
        printf("输入所求阶乘的数:\n");
        scanf("%d", &n);
        for(i=1; i<=n; i++)
            t=t * i;
```

```
        printf("%d! = %d\n", n, t);
        break;
    default: printf("选择错误!\n");
    }
}
```

【说明】

在求累加和时,程序中虽然有 10 个数据,但这些数据只用了 1 个简单变量 x 就解决问题了,数据没有保存。但是若要将 10 个数据按从高到低的顺序全部打印出来,用简单变量来处理这批数据,显然是非常困难的。因此,C 语言提供了构造类型——数组,解决现实中常常要求处理一组数据的问题。这部分内容请参见项目 4 相关知识。阶乘运算是多个数的连乘,类似于多个求和。

3.3.2 for 语句

循环结构是程序中一种很重要的结构。其特点是,在给定条件成立时,反复执行某程序段,直到条件不成立为止。给定的条件称为循环条件,反复执行的程序段称为循环体。C 语言提供了多种循环语句,可以组成各种不同形式的循环结构。for 语句是 C 语言所提供的功能较强,使用较广泛的一种循环语句。

1. for 语句的一般形式

```
for(表达式 1; 表达式 2; 表达 3)
语句;
```

【说明】

(1) 语句:称为循环体语句。

(2) 表达式 1:通常用来给循环变量赋初值,一般是赋值表达式,也允许在 for 语句外给循环变量赋初值,此时可以省略该表达式。

(3) 表达式 2:通常是循环条件,一般为关系表达式或逻辑表达式。

(4) 表达式 3:通常可用来修改循环变量的值,一般是赋值语句。

这三个表达式都可以是逗号表达式,即每个表达式都可由多个表达式组成。三个表达式都是任选项,都可以省略。

for 语句的语义如下。

(1) 首先计算表达式 1 的值。

(2) 再计算表达式 2 的值,若值为真(非 0)则执行循环体一次,否则跳出循环。

(3) 然后计算表达式 3 的值,转回第 2 步重复执行。在整个 for 循环过程中,表达式 1 只计算一次,表达式 2 和表达式 3 则可能计算多次。循环体可能多次执行,也可能一次都不执行。for 语句的执行过程如图 3.8 所示。

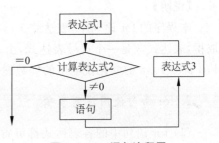

图 3.8 for 语句流程图

试一试

问题 3.12　用 for 语句计算 s＝1＋2＋3＋…＋99＋100。

分析：首先设置一个累加器 s，其初值为 0，利用 s ＋＝n 来计算（n 依次取 1，2，…，100），只要解决以下 3 个问题即可。

（1）将 n 的初值置为 1。

（2）每执行 1 次"s＋＝n"后，n 增 1。

（3）当 n 增到 101 时，停止计算。此时，s 的值就是 1～100 的累计和。

【程序代码】

```c
#include "stdio.h"
void main()
{
    int n, s=0;
    for(n=1; n<=100; n++)
        s+= n;
    printf("s=%d\n", s);
}
```

【说明】

本程序 for 语句中的表达式 3 为 n＋＋，实际上也是一种赋值语句，相当于 n＝n＋1，以改变循环变量的值。

 练一练

分析以下程序代码的功能。

```c
#include "stdio.h"
void main()
{
    int a=0, n;
    printf("\n input n: ");
    scanf("%d", &n);
    for(; n>0; a++, n--)
        printf("%d ", a*2);
}
```

【说明】

本程序的 for 语句中，表达式 1 已省去，循环变量的初值在 for 语句之前由 scanf 语句取得，表达式 3 是一个逗号表达式，由 a＋＋，n－－ 两个表达式组成。每循环一次 a 自增 1，n 自减 1。a 的变化使输出的偶数递增，n 的变化控制循环次数。

2. for 语句使用注意事项

（1）for 语句中的各表达式都可省略，但分号间隔符不能少。例如：

for(；表达式 2；表达式 3)省去了表达式 1。

for(表达式 1;；表达式 3)省去了表达式 2。

for(表达式 1；表达式 2；)省去了表达式 3。

for(；；)省去了全部表达式。

（2）在循环变量已赋初值时,可省去表达式 1。

（3）如省去表达式 2 或表达式 3 则将造成无限循环,这时应在循环体内设法结束循环。

（4）循环体可以是空语句,空语句即什么操作也不执行。

for(i＝0;i＜10;i＋＋)；

 试一试

问题 3.13 输出 1～50 中所有的偶数,并计算它们的和。

分析：判断 i 是否为偶数的条件是 i％2＝＝0,只有满足该条件的数才能输出并计算累加和。

【程序代码】

```
#include"stdio.h"
void main()
{
    int i,s＝0;
    for(i＝1;i＜＝50;i＋＋)
        if(i％2＝＝0)                /＊判断是否为偶数＊/
        {
            printf("％4d",i);        /＊输出偶数＊/
            s＝s＋i;                  /＊计算和＊/
        }
    printf("\ns＝％d\n",s);
}
```

练一练

（1）改写从 0 开始,输出 n 个连续的偶数。

```
#include "stdio.h"
void main()
{
    int a＝0, n;
    printf("\n input n: ");
    scanf("％d", &n);
    for(  ;  ;  )
    {
        printf("％d ", a＊2);
        a＋＋;
        n－－;
        if(n＝＝0)break;
    }
}
```

【说明】

本程序中 for 语句的表达式全部省去。由循环体中的语句实现循环变量的递减和循环条件的判断。当 n 值为 0 时,由 break 语句中止循环,转去执行 for 以后的程序。在此情况下,for 语句已等效于 while(1)语句。如在循环体中没有相应的控制手段,则造成死循环。

（2）分析下列程序所实现的功能。

```c
#include "stdio.h"
void main()
{
    int n=0;
    printf("input a string:\n");
    for(; getchar()!='\n'; n++);
    printf("%d", n);
}
```

【说明】

本程序中,省去了 for 语句的表达式 1,表达式 3 也不是用来修改循环变量,而是用做输入字符的计数。这样,就把本应在循环体中完成的计数放在表达式中完成了。因此循环体是空语句。

应注意的是,空语句后的分号不可少,如缺少此分号,则把后面的 printf 语句当成循环体来执行。反过来说,如循环体不为空语句时,决不能在表达式的括号后加分号,这样又会认为循环体是空语句而不能反复执行。这些都是编程中常见的错误,要十分注意。

（3）找出 1960—2012 年所有的闰年。

3.3.3 while 语句

1. while 语句的一般形式

while 语句的一般形式为：

while(表达式) 语句；

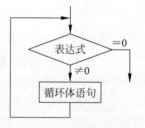

图 3.9 while 语句流程图

其中：表达式是循环条件,语句为循环体。

while 语句的语义是：先计算表达式的值,当值为真（非 0）时,执行循环体语句。其执行过程如图 3.9 所示。while 语句最大的特点是先判断后执行。

 试一试

问题 3.14 用 while 语句计算 s＝1＋2＋3＋…＋99＋100。

【程序代码】

```c
#include "stdio.h"
void main()
```

```
{
    int n＝1, s＝0;
    while(n＜＝100)
    {
        s＝s＋n;
        n＋＋;
    }
    printf("s＝%d\n", s);
}
```

【说明】

本程序 while 语句的循环体为 s＝s＋n 和 n＋＋组成的复合语句,因此要用一对花括号包括起来。试与 for 语句的实现程序进行对比分析。

 练一练

统计从键盘输入一行字符的个数。

```
#include "stdio.h"
void main( )
{
    int n＝0;
    printf("input a string:\n");
    while(getchar() != '\n') n＋＋;      /＊统计输入字符的个数＊/
    printf("%d", n);
}
```

【说明】

本程序中的循环条件为 getchar()! = '\n',其意义是:只要从键盘输入的字符不是回车符就继续循环。循环体 n＋＋完成对输入字符个数计数,从而程序实现了对输入一行字符的字符个数计数。

2. while 语句使用注意事项

(1) while 语句中的表达式一般是关系表达式或者是逻辑表达式,只要表达式的值为真(非 0)即可继续循环。

(2) 循环体如包括有一个以上的语句,则必须用"{ }"括起来,组成复合语句。

(3) 应注意循环条件的选择,以避免死循环。

(4) 允许 while 语句的循环体又是 while 语句、for 语句或 do-while 语句,从而形成多重循环。

 试一试

问题 3.15　用 while 语句实现从 0 开始,输出 n 个连续的偶数。

【程序代码】

```
#include "stdio. h"
```

```
void main()
{
    int a=0, n;
    printf("\n input n: ");
    scanf("%d", &n);
    while(n——)
        printf("%d ", a++*2);
}
```

【说明】

本程序将执行 n 次循环,每执行一次,n 值减 1,直到 n 的值为 0。循环体输出表达式 a++*2 的值,该表达式等效于(a*2,a++)。

 练一练

分析下列程序的输出结果。

```
#include "stdio.h"
void main()
{
    int a, n=0;
    while(a=5)
        printf("%d ", n++);
}
```

【说明】

(1) 本例中 while 语句的循环条件为赋值表达式 a=5,因此该表达式的值永远为真(非 0),而循环体中又没有其他中止循环的手段,因此该循环将无休止地进行下去,形成无限的死循环,这时应在循环体内设法使用相关控制语句结束循环。

(2) 输出 100 以内能够被 5 整除的数,要求每行输出 6 个数(提示:每行输出 6 个数,设计一个计数器,对满足条件输出的数进行计数)。

3.3.4 do-while 语句

C 语言中的循环除了 for 语句、while 语句,还有 do-while 语句。

1. do-while 语句的一般形式

do-while 语句的一般形式为:

```
do{
    语句;
}while(表达式);
```

其中,语句是循环体,表达式是循环条件。

do-while 语句的语义是:先执行循环体语句一次,再判别表达式的值,若为真(非 0)则继续循环,否则终止循环。其执行过程如图 3.10 所示。

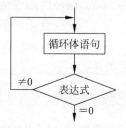

图 3.10　do-while 语句
流程图

do-while 语句和 while 语句的区别在于 do-while 是先执行后判断,因此 do-while 至少要执行一次循环体。而 while 是先判断后执行,如果条件不满足,则一次循环体语句也不执行。while 语句和 do-while 语句一般都可以相互改写。

 试一试

问题 3.16 用 do-while 语句计算 s＝1＋2＋3＋…＋99＋100。

【程序代码】

```
#include "stdio.h"
void main( )
{
    int n=1, s=0;
    do{
        s=s+n;
        n++;
    } while(n<=100);
    printf("s=%d\n", s);
}
```

【说明】

本程序 do-while 语句的循环体为 s＝s＋n 和 n＋＋组成的复合语句,因此也要用{}括起来,注意 while 条件后必须有分号。试与 for 语句和 while 语句的实现程序进行对比分析。

2. do-while 语句使用注意事项

(1) do-while 语句中的表达式一般是关系表达或逻辑表达式,只要表达式的值为真(非 0)即可继续循环。

(2) 循环体如包括有一个以上的语句,则必须用{ }括起来,组成复合语句。

(3) 应注意循环条件的选择,以避免死循环。

(4) 允许 do-while 语句的循环体又是 while 语句、for 语句或 do-while 语句,从而形成多重循环。

 试一试

问题 3.17 用 do-while 语句实现,从 0 开始,输出 n 个连续的偶数。

【程序代码】

```
#include "stdio.h"
void main( )
{
    int a=0, n;
    printf("\n input n: ");
    scanf("%d", &n);
    do{
        printf("%d ", a++ * 2);
    } while (--n);
```

```
    }
```

【说明】

在本程序中,循环条件若改为 n－－,将多执行一次循环。这是由于先执行后判断而造成的。

 练一练

用 do-while 语句实现输入一行字符,统计其中小写字母的个数。

任 务 3.4   任 务 拓 展

3.4.1   break 语句

break 语句的一般形式为:

break;

break 语句一般用在 switch 语句或循环语句中,其作用是跳出 switch 语句或跳出本层循环,转去执行后面的程序。由于 break 语句的转移方向是明确的,所以不需要语句标号与之配合。

 试一试

问题 3.18   输入一个整数,判断该数是否为素数(质数)。

【程序代码】

```
#include "stdio.h"
void main()
{
    int i, n;
    scanf("%d", &n);
    for(i=2; i<n; i++)
        if(n%i==0) break;
    if(i==n) printf("YES!");
    else printf("NO!");
}
```

【说明】

素数(质数)是只能被 1 和自身整除的数。求素数的思路就是:在 2 到 n－1 之间去寻找,能否找到一个数 i(2≤i≤n－1),它能被 n 整除,如果找到了,表明该数不是素数,如果没有找到,表明该数是素数。即通过循环从 2 开始,对所输入的数进行求余,如果遇到能满足被整除,就执行 break 语句,即结束循环,这种方法称为穷举法。然后通过判断循环的终点 i 值是否与 n 相等,如果相等,这个数就是素数,否则就不是。

 练一练

输出 100 以内的素数。

【程序代码】

```
#include "stdio.h"
void main()
{
    int n, i;
    for(n=2; n<=100; n++)
    {
        for(i=2; i<n; i++)
            if(n%i==0) break;
            if(i>=n) printf("%d\t", n);
    }
}
```

【说明】

本程序中,利用到了 for 循环的嵌套(请参考本项目 3.4.4 小节的相关内容),即有两层 for 语句。第一层循环表示对 1~100 这 100 个数逐个判断是否是素数,共循环 100 次,在第二层循环中则对数 n 用 2~n-1 逐个去除,若某次除尽则跳出该层循环,说明不是素数。如果在所有的数都是未除尽的情况下结束循环,则为素数,此时有 i>=n,故可经此判断后输出素数。然后转入下一次大循环。实际上,2 以上的所有偶数均不是素数,因此可以使循环变量的步长值改为 2,即每次增加 2,此外只需对数 n 用 2~√n 去除就可判断该数是否素数。这样将大大减少循环次数,减少程序运行时间。程序代码如下:

```
#include "stdio.h"
#include"math.h"
void main()
{
    int n, i, k;
    printf("2\t");                  /*2是素数*/
    for(n=3; n<=100; n+=2)
    {
        k=sqrt(n);                  /*求某数平方根的函数*/
        for(i=2; i<=k; i++)
            if(n%i==0) break;
        if(i>k) printf("%d\t", n);
    }
}
```

3.4.2 continue 语句

continue 语句一般只能用在循环体中,一般格式是:

continue;

该语句的语义是:结束本次循环,即不再执行循环体中 continue 语句之后的语句,而转入下一次循环条件的判断与执行。应注意的是,本语句只结束本层本次的循环,并不跳出循环。

问题 3.19　输出 100 以内能被 7 整除的数。

【程序代码】

```c
#include "stdio.h"
void main()
{
    int n;
    for(n=7; n<=100; n++)
    {
        if(n%7!=0)
            continue;
        printf("%d ", n);
    }
}
```

【说明】

本程序中,对 7~100 的每一个数进行测试,如该数不能被 7 整除,即求余运算不为 0,则由 continue 语句转去下一次循环。只有求余运算为 0 时,才能执行后面的 printf() 语句,输出能被 7 整除的数。

打印 100 以内个位数为 6 且能被 3 整除的所有数。

```c
#include "stdio.h"
void main()
{
    int i, j;
    for(i=0; i<=9; i++)
    {
        j=i*10+6;
        if(j%3!=0)
            continue;
        printf("%d ", j);
    }
}
```

【说明】

本程序中有两个条件:个位数为 6 和被 3 整除,可先设定满足第一个条件,然后用穷举法来求同时满足第二个条件的所有数,并输出。

3.4.3　if 语句的嵌套

当 if 语句中的执行语句又是 if 语句时,则构成了 if 语句嵌套的情形。

其一般形式可表示为：

```
if(表达式)
    if 语句;
```

或者为

```
if(表达式)
    if-else if 语句;
```

在嵌套内的 if 语句可能又是 if-else 型的,这将会出现多个 if 和多个 else 重叠的情况,这时要特别注意 if 和 else 的配对问题。例如：

```
if(表达式 1)
if(表达式 2) 语句 1;
else 语句 2;
```

其中的 else 究竟是与哪一个 if 配对呢？

为了避免这种二义性,C 语言规定,else 总是与它前面最近的未配对的 if 配对,因此对上述例子应该理解为：

```
if(表达式 1)
{
    if(表达式 2) 语句 1;
    else 语句 2;
}
```

 试一试

问题 3.20 比较两个数的大小关系。

【程序代码】

```
#include "stdio.h"
void main()
{
    int a, b;
    printf("please input A, B: ");
    scanf("%d%d", &a, &b);
    if(a!=b)
        if(a>b)
            printf("A>B\n");
        else
            printf("A<B\n");
    else
        printf("A=B\n");
}
```

【说明】

本程序中用了 if 语句的嵌套结构。采用嵌套结构实质上是为了进行多分支选择,本问题实际上有三种选择,即 A＞B、A＜B 或 A＝B。这种问题用 if-else-if 语句也可以完成,而且程序更加清晰。因此,在一般情况下较少使用 if 语句的嵌套结构,以使程序更便于阅读理解。用 if-else if-else 语句来实现的程序代码如下:

```
#include "stdio.h"
void main()
{
    int a, b;
    printf("please input A, B: ");
    scanf("%d%d", &a, &b);
    if(a==b)
        printf("A=B\n");
    else if(a>b)
        printf("A>B\n");
    else
        printf("A<B\n");
}
```

3.4.4 循环语句的嵌套

1. for 语句的嵌套使用

循环的嵌套是指一个循环的循环体中包含了另一个循环,构成多重循环。

使用嵌套循环时应注意以下几点。

(1) 内层循环必须完全包含在外层循环中,两者不能使用相同的循环变量。

(2) 循环嵌套的层数没有限制,但层数太多,可读性变差。

(3) 为了使嵌套的层次关系清晰明了,建议采用缩排格式书写程序。

 试一试

问题 3.21　for 的二重循环的使用:打印 6 以内的乘法表。

【程序代码】

```
#include "stdio.h"
void main()
{
    int i, j;
    for(i=1; i<=6; i++)
    {
        for(j=1; j<=i; j++)
            printf("%d * %d=%2d ", i, j, i*j);
        printf("\n");
    }
}
```

【说明】

程序的执行过程如下。

(1) 先对外层循环的循环变量 i 赋初值 1。由于循环条件成立,执行外层循环的循环体,即进入内层循环。

(2) 在内层循环中,同样先对内层循环的循环变量 j 赋初值 1,这时循环条件也成立,于是执行内层循环的循环体,即显示:

$1*1=1$

(3) 修改循环变量 j 的值,使 $j＝j＋1$,并判断循环条件仍然成立,继续执行循环体,显示

$1*2=2$

(4) 重复执行 3,依次得到 $1*3=3,1*4=4$ 等,直到 $j＞6$ 时退出内层循环的循环体,执行 printf("\n")(注意,printf("\n")是外层循环的循环体,而不是内层循环的循环体),然后第二次进入外层循环(即 $i＝2$)。由于 $i≤6$ 成立,于是又进入内层循环,内层循环变量 j 重新初始化为 1,则显示:

$2*1=2$

(5) 如此反复,每一轮外层循环,都要重复执行内层循环 6 次,直到外层循环终止时,内层循环的循环体 printf("%d * %d=%2d", i, j, i*j)共被执行 $6×6＝36$ 次,而 printf("\n")只是外层循环的循环体的一部分,共被执行 6 次。

如果将程序中的内外层循环终止条件改成 9,就可以打印九九乘法表。

问题 3.22 for 的三重循环的使用:寻找水仙花数,即它是一个三位数,并且该数的各位数字的立方和正好等于它本身。例如,$153＝1^3＋5^3＋3^3$,所以,153 就是满足条件的三位数。

分析:设所求的三位数,其百位数字是 i,十位数字是 j,个位数字是 k,显然应满足:
$i*i*i+j*j*j+k*k*k=100*i+10*j+k$。

【程序代码】

```
#include "stdio.h"
void main()
{
    int i, j, k;
    for(i=1; i<=9; i++)
        for(j=0; j<=9; j++)
            for(k=0; k<=9; k++)
                if(i*i*i+j*j*j+k*k*k==100*i+10*j+k)
                    printf("%d", 100*i+10*j+k);
}
```

【说明】

程序运行结果为:

153　370　371　407

2. for 语句也可与 while、do-while 语句相互嵌套,构成多重循环

以下结构都是合法的嵌套结构。

```
(1) for()               (2) do{
    { ...                   ...
        while()             for()
        { ... }             { ... }
        ...                 ...
    }                   }while();
```

```
(3) while()             (4) for()
    { ...                   { ...
        for()                   for()
        { ... }                 { ... }
        ...                     ...
    }                       }
```

 试一试

问题 3.23   某班进行了一次考试,现要输入全班 4 个小组(每个小组 10 人)的学生成绩,并计算每个小组的总分与平均分,按要求输出。

分析:首先解决的问题是如何求一个小组学生成绩的总分及平均分。若现在一个班中有 4 个小组,则求出每个小组的学生成绩的总分及平均分,也就是将此任务重复 4 次,这样就用到嵌套循环。

【程序代码】

```c
# include "stdio.h"
void main()
{
    int score, i, sum, j=1;
    float avg;
    while(j<=4)
    {
        sum=0; i=1;
        printf("请输入第%d 小组学生成绩:", j);
        while(i<=10)
        {
            scanf("%d", &score);
            sum=sum+score;
            i++;
        }
        avg=sum/10.0;
        printf("本小组 10 个学生的总分为:%d\n", sum);
        printf("本小组 10 个学生的平均分为:%.2f\n", avg);
        j++;
    }
}
```

【说明】

此程序中使用的是 while 语句嵌套 while 语句来实现的,也可改用其他循环结构相互嵌套来完成。请读者思考。

问题 3.24 有一个这样的数列:$f(1)=f(2)=1,f(n)=f(n-1)+f(n-2),(n>2)$,称为 Fibonacci 数列,简称 f 数列,把每一个 $f(n)(n=1, 2, \cdots)$ 称为 f 数。求出:①1000 之内最大的 f 数;②1000 之内 f 数的数目。

分析:设三个变量 f1, f2, f,分别代表第一个数、第二个数和第三个数,因为要求数目,所以还需设一个累加器变量 i。已知 f1=1,f2=1,根据 n>2 时后面的每一个数是前两个数之和,可以求出第三个数是 2,接下来把前三个数中第二个数看成第一个数,把第三个数看成第二个数,则根据第三个数字是前两个数之和,又可以得出第二批中的第三个数,该方法称为"迭代法",如此反复,每循环一次就求出一个 f 数,即每循环一次累加器变量 i 加 1。这是一个循环次数未知的循环,所以不采用 for 循环,在这里使用 while 循环,当然还可以使用 do-while 循环。

【程序代码】

```
#include"stdio.h"
void main()
{
    int i, f1=1, f2=1, f;
    f=f1+f2;
    i=3;              /*f 数列的第三个数*/
    while(f<=1000)
    {
        f1=f2;              /*把前 3 个数中第 2 个数看成第 1 个数*/
        f2=f;               /*把第 3 个数看成第 2 个数*/
        f=f1+f2;            /*计算第 3 个数*/
        i=i+1;
    }
    printf("f=%d, i=%d", f2, i-1);
}
```

思考:为什么输出的对象是 f2 和 i-1 而不是 f 和 i?

问题 3.25 设 $s=1+1/2+1/3+\cdots1/n$,n 为正整数,求使 s 不超过 $6(s\leqslant6)$ 的最大的 n。

分析:这道题仍是求累加和,最基本的运算仍然是 $s=s+t$,只不过 t 的值是一个真分数。

【程序代码】

```
#include"stdio.h"
void main()
{
    float s=1.0;
    int n=1;
    do
```

```
        {
            n＝n+1;
            s＝s+1.0/n;
        } while(s＜=6.0);
        printf("%d", n-1);
    }
```

【说明】

这是一个求和的程序,除了第一项是 1,后面的每一个加数都是一个真分数,为了使和达到 6,应设一个实型的变量 s,用来存放和,每一项加数中的分子都使用 1.0。

问题 3.26　打印如下图形:

```
        *
      * * *
    * * * * *
  * * * * * * *
    * * * * *
      * * *
        *
```

分析:根据图形的特点,可以把它分成两部分输出,第一次输出前 4 行,第二次输出后 3 行。在这里要使用双重循环,外循环每循环一次输出 1 行,内循环每循环一次输出一个 *。如果把每一个 * 前后都有一个空格且第 4 行第一个 * 当做顶格的话,则第 3 行第一个 * 前有两个空格,第 2 行第 1 个 * 前有 4 个空格,第 1 行第 1 个 * 前有 6 个空格。则第一次外循环中,进入内循环,先输出 6 个空格,然后再输出一个 *;第二次外循环中,进入内循环,先输出 4 个空格,然后再循环 3 次,每次输出一个 *;……直到把前 4 行输出完毕。图案的后 3 行用相同的方法。

【程序代码】

```
#include"stdio.h"
main()
{
    int i, j, k;
    for(i=0; i<=3; i++)              /*输出前面 4 行*/
    {
        for(j=0; j<=2-i; j++)
            printf(" ");            /*" "内有 2 个空格*/
        for(k=0; k<=2*i; k++)
            printf(" * ");
        printf("\n");              /*每输出 1 行,换行*/
    }
    for(i=0; i<=2; i++)              /*输出后面 3 行*/
    {
        for(j=0; j<=i; j++)
            printf(" ");
```

```
        for(k=0; k<=4-2*i; k++)
            printf(" * ");
    printf("\n");                        /*每输出1行,换行*/
    }
}
```

（1）输入一行字符,统计其中大写字母、小写字母、数字字符及其他字符的个数。

（2）计算 s＝1! ＋2! ＋3! ＋4! ＋…＋10!。

3.4.5 交换语句

交换语句：由 t＝a; a＝b; b＝t; 这三个语句可组成一个交换语句。

功能：通过 t 作为中间量,实现交换 a 与 b 的值。

例如：

设 int a＝3, b＝1, t;

程序段：

```
if(a>b)
    { t=a; a=b; b=t; }
printf("a=%d, b=%d", a, b);
```

和

```
if(a>b)
    t=a; a=b; b=t;
printf("a=%d,b=%d", a, b);
```

请问：

（1）两段程序有什么区别？

（2）其执行结果有什么不同？

（3）如果初值 a＝1,b＝3,其结果又有什么不同？

问题 3.27 输入三个整数 x,y,z,请按从大到小输出它们的值。

【程序代码】

```
#include "stdio.h"
void main()
{
    int x, y, z, t;
    printf("Please input x, y, z :");
    scanf("%d, %d, %d", &x, &y, &z);
    if(x<y) {t=x; x=y; y=t; }
    if(x<z) {t=x; x=z; z=t; }
    if(y<z) {t=y; y=z; z=t; }
```

```
    printf("%d, %d, %d\n", x, y, z);
}
```

【说明】

此程序中使用了三次交换语句,分别用在满足条件的前提下进行交换相应两个值的位置。

3.4.6　自己动手

(1) 分析下列程序,并上机运行。

```
#include "stdio.h"
void main()
{
    char ch1;
    scanf("%c", &ch1);
    if (ch1>='A'&&ch1<='Z') ch1=ch1+32;
    else if (ch1>='a'&&ch1<='z')ch1=ch1-32;
    printf("%c", ch1);
}
```

(2) 分析下列程序,并上机运行。

```
#include "stdio.h"
void main()
{
    int i, t=1, s=0;
    for(i=1; i<=101; i+=2)
    {
        t=i; s=s+t; s-=(i+=2);
    }
    printf("s=%d", s);
}
```

(3) 分析下列程序,并上机运行。

```
#include "stdio.h"
void main()
{
    int i, j;
    for(i=4; i>=1; i--)
    {
        for (j=1; j<=i; j++)putchar('#');
        for (j=1; j<=4; j++)putchar('×');
        putchar('\n');
    }
}
```

(4) 分析下列程序,并上机运行。

```
#include "stdio.h"
```

```
void main()
{
    int x=15;
    while(x>10&&x<50)
    {
        x++;
        if(x/3){x++; break; }
        else continue;
    }
    printf("%d\n", x);
}
```

（5）分析下列程序，并上机运行。

```
#include "stdio.h"
void main()
{
    int j=5;
    while (j<=15)
        if (++j%2!=1) continue;
        else printf ("%d ", j);
    printf ("\n");
}
```

习 题 3

1. 选择题

（1）以下错误的描述是（   ）。

    A. 使用 while 和 do-while 循环时,循环变量初始化的操作应在循环语句之前完成

    B. while 循环是先判断表达式,后执行循环体语句

    C. do-while 和 for 循环均是先执行循环语句,后判断表达式

    D. for 、while 和 do-while 循环中的循环语句均可以由空语句构成

（2）已知 int i, j; 则"for(i=j=0; i<9&&j!=5; i++, j++)"控制的循环体将执行（   ）次。

    A. 10   B. 9   C. 5   D. 6

（3）下列 for 循环的循环次数是（   ）。

```
int i=0,j=0;
for(; !j&&i<=5; i++) j++;
```

    A. 5 次   B. 1 次   C. 无限   D. 6 次

（4）下列 for 循环的循环次数是（   ）。

```
int i=0, j;
for(j=10; i=j=10; i++, j--) printf("ok");
```

  A. 0 次   B. 1 次   C. 10 次   D. 无限次

（5）分析下列程序段中内循环共执行的次数是（ ）。

```
int i, j;
for(i=4; i>0; i--)
for(j=0; j<5; j++)
{ ... }
```

  A. 10   B. 20   C. 30   D. 28

（6）执行下面的程序段时，若从键盘输入 5，则输出为（ ）。

```
int a;
scanf("%d", &a);
if(a-->5) printf("%d\n", a++);
else printf("%d\n", a);
```

  A. 7   B. 6   C. 5   D. 4

（7）若 int a=5；则执行下列语句后打印的结果为（ ）。

```
do
{
    printf("%2d\n", a--);
} while(!a);
```

  A. 5   B. 不打印任何结果 C. 4   D. 陷入死循环

（8）break 语句的作用是（ ）。

  A. 跳过下一条语句   B. 跳出程序

  C. 跳出本循环，不再执行该循环 D. 是一条空语句，什么也不干

（9）continue 语句的作用是（ ）。

  A. 跳过下一条语句   B. 跳出程序

  C. 跳出本循环，执行下一轮循环 D. 是一条空语句，什么也不干

（10）有以下程序：

```
#include "stdio.h"
void main()
{
    char c;
    while((c=getchar())!='?') putchar(--c);
}
```

  程序运行时，如果从键盘输入：Y? N? <回车>，则输出结果为（ ）。

  A. Y   B. XY   C. YX   D. X

2. 填空题

（1）以下程序的功能是找出 x、y、z 三个数中的最小值，请填空。

```
void main()
{
    int x=4, y=5, z=8;
    int u, v;
    u=x<y?_____;
    v=u<z?_____;
    printf("%d", v);
}
```

（2）若运行以下程序时，输入下面指定数据，则运行结果为_____。

```
#include "stdio.h"
void main()
{
    char ch;
    while((ch=getchar())!='\n')
    {
        switch (ch-'1')
        {
            case 0:
            case 1: putchar(ch+3);
            case 2: putchar(ch+3); break;
            case 3: putchar(ch+3);
            default: putchar(ch+2); break;
        }
    }
    printf("\n");
}
```

输入数据（从第一列开始）：12345 ＜回车＞

（3）将以下含有 switch 语句的程序段改写成对应的含有嵌套 if 语句的程序段，请填空。

含有 switch 语句的程序段：

```
int s, t, m;
t=(int)(s/10);
switch(t)
{
    case 10: m=5; break;
    case 9: m=4; break;
    case 8: m=3; break;
    case 7: m=2; break;
    case 6: m=1; break;
    default: m=0;
}
```

含有嵌套 if 语句的程序段：

```
int s, m;
if(_____) m=0;
```

```
else if (s<70) m=1;
else if (s<80) m=2;
else if (s<90) m=3;
else if (s<100) m=4;
_____;
```

（4）若输入字符串：abcdef<回车>，则以下 while 循环体将执行_____次。

```
while((ch=getchar( ))= ='d') printf(" * * ");
```

（5）以下语句中循环体的执行次数是_____。

```
a=10; b=0;
do{
    b+=2;
    a-=2+b;
} while(a>=0);
```

（6）下面程序段的运行结果是_____。

```
x=2;
do{
    printf (" * ");
    x--;
} while (x!=0);
```

（7）下面程序段的运行结果是_____。

```
i=1; a=0; s=1;
do{
    a=a+s*i;
    s=-s;
    i++;
}while(i<=10);
printf("a=%d", a);
```

（8）下面程序段是从键盘输入的字符中统计数字字符的个数,用换行符结束循环,请填空。

```
int n=0, c;
c=getchar();
while(_____){
    if(_____) n++;
    c=getchar();
}
```

（9）以下程序中,while 语句的循环次数是_____。

```
# include "stdio.h"
void main()
{
    int i=0;
```

```
while(i<10){
    if(i<1) continue;
    if(i==5) break;
    i++; }
printf("%d", i);
}
```

（10）下面程序的功能是用"辗转相除法"求两个正整数的最大公约数，请填空。

```
#include "stdio.h"
void main()
{
    int r, m, n;
    scanf("%d%d", &m, &n);
    if(m<n)_____;
    r=m%n;
    while(r){
        m=n; n=r; r=_____;
    }
    printf("%d\n", n);
}
```

3. 编程题

（1）编写程序，统计 200～400 所有满足三个数字之积为 42，三个数字之和为 12 的数的个数。

（2）一个数如果恰好等于它的因子（不包括本身）之和，就是"完全数"，找出 1500 以内的所有完全数。

（3）用一元纸币兑换一分、两分和五分的硬币，要求兑换硬币的总数为 50 枚，问共有多少种换法？（注：在兑换中一分、两分或五分的硬币数可以为 0 枚）

（4）有一分数序列：2/1，3/2，5/3，8/5，13/8…求出这个数列的前 20 项之和。

 综合项目

  工作任务

实现用户登录。操作员输入账号和密码。如果验证通过，显示"登录成功"，否则提示错误消息，要求用户重新输入。三次输入错误，退出系统。

  任务目标

通过本项目的开发，使读者更进一步地了解软件开发过程，了解复杂软件的组织过程，复杂程序的控制过程。

使读者更进一步熟悉 Visual C++ 6.0 编程环境，掌握面向过程程序的执行流程，掌握 C 语言中大部分的常用概念，达到能够综合运用所学编程知识，解决实际问题的能力。

项目 4

设计学生成绩管理系统

 项目要点

- 各种数组的定义和使用方法
- 数组的存储结构
- 数组的输入/输出及数组的应用
- 常用的字符串处理函数

 学习目标

- 使用一维数组和二维数组处理同一类型的大批数据
- 使用字符数组处理字符串
- 使用二维数组处理字符串

 工作任务

学生成绩管理是学校教学管理中的一个非常重要而又十分烦琐的工作。传统的手工管理已经不能满足现代教育和管理的要求,取而代之的是运用高效能的计算机来对学生的成绩进行管理。

本项目将运用 C 语言开发一个学生成绩管理系统,系统的功能将在项目 4~8 项目这 5 个项目任务中由简入繁,逐步得到实现,并完善和优化。项目 4 主要实现的功能包括对多名学生 1 门课程的成绩和多名学生多门课程的成绩进行管理。功能模块如图 4.1 所示。

 引导问题

(1) 如何存储多名学生 1 门课程的学生成绩?

(2) 如何录入和输出多名学生 1 门课程的成绩?

(3) 如何查询学生的成绩? 如何对学生成绩进行排序?

(4) 如何录入和输出多名学生多门课程的成绩?

(5) 如何计算每位学生的总成绩?

(6) 如何对学生的姓名进行处理?

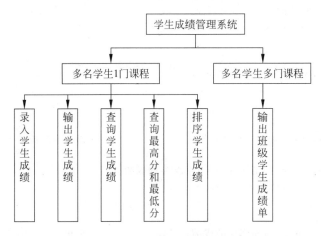

图 4.1　学生成绩管理系统功能模块

任务 4.1　录入/输出多名学生 1 门课程的成绩

 任务分析

某班 50 名学生参加了一次 C 语言程序设计考试,现要录入和输出全班同学的成绩。本任务要将 50 名学生成绩录入并全部输出,按照前面学过的知识就需要使用 50 个简单变量来存储这批数据,光定义这批数据的变量名就需要大量的工作,这显然是不合理的。如何处理这样大批的数据呢? 这就需要引入一个数据结构——数组来存储学生的成绩。

4.1.1　录入和输出学生成绩

在本任务中将定义一个数组 int score[50],用来存放 50 名学生的 C 语言成绩,采用单循环实现学生成绩的录入和输出。还将设计学生成绩管理系统的菜单界面。解决方法可参考如下程序。

```c
#include"stdio.h"
#include"stdlib.h"
void main()
{
    int i, score[50];
    int choice;
    printf(" **************************** \n");         /* 系统的菜单设计 */
    printf(" 学生成绩管理系统\n");
    printf(" 1.录入学生成绩\n");
    printf(" 2.输出学生成绩\n");
    printf(" 3.查询学生成绩\n");
    printf(" 4.查询成绩最高分和最低分\n");
    printf(" 5.排序学生成绩\n");
    printf(" 6.输出班级学生的成绩单(总分从高到低)\n");
```

```
        printf(" 7.退出\n");
        printf(" ***************************** \n");
        while(true)
        {
            printf("请输入所选择功能:\n");
            scanf("%d", &choice); /* 功能选择 */
            switch(choice)
            {
                case 1:for(i=0; i<50; i++)                    /* 录入学生成绩 */
                    {
                        printf("请输入第%d 名学生的成绩:\n", i+1);
                        scanf("%d", &score[i]);
                    }
                break;
                case 2:printf("本班学生的成绩:\n");              /* 输出学生成绩 */
                    for(i=0; i<50; i++)
                    {
                        printf("%4d", score[i]);
                    }
                    printf("\n");
                    break;
                case 7:exit(0); /* 退出程序 */
            }
        }
    }
```

4.1.2 一维数组

所谓数组,是指相同类型数据的集合。让一组同一类型的数据共用一个变量名,而不需要为每一个数据都定义一个名字。每个数组在内存中占用一段连续的存储空间,极大地方便了对数组中元素按照同一方式进行的各种操作。

根据组织数组的结构不同,将其分为一维数组、二维数组,以此类推。用于处理字符的数组称为字符数组。

一维数组的定义方式为:

数据类型 数组名[常量表达式];

数组由数据类型、数组名称及常量表达式(长度、元素个数)三者共同描述。例如:

int a[10];

它表示数组名为 a,此数组有 10 个元素,每个元素均为 int 类型。定义之后,系统会分配 10 个连续的存放整数的空间给该数组。

【说明】

(1) 数组名的命名规则和变量名的命名规则相同,遵循标识符的命名规则。

(2) 数组名后面是用方括号括起来的常量表达式,不能用圆括号,下面用法不对:

int a(10);

（3）常量表达式表示元素的个数，即数组长度。例如，a[10]中 10 表示 a 数组有 10 个元素，下标从 0 开始，这 10 个元素是：a[0]，a[1]，…，a[9]。注意不能使用数组元素 a[10]。

（4）常量表达式中可以包括常量和符号常量，不能包含变量。

（5）数组名不能与其他变量名相同，例如：

```
void main( )
{
    int a;
    float a[10];                                    /*错误,数组名与其他变量同名*/
    …
}
```

（6）在 C 语言中，数组必须显示地说明，以便编译程序为它们分配内存空间。类型说明符指明数组的类型，另外应指出数组中每一个元素个数。一维数组的总字节数可按下式计算：

sizeof(类型) * 数组长度＝总字节数

 练一练

以下对一维整型数组 a 正确定义的是（   ）：

A. int a(10);

B. int n＝10，a[n];

C. int n;
    scanf("%d"，%n);
    int a[n];

D. #define SIZE 10
    int a[SIZE];

4.1.3 一维数组的引用

数组必须先定义，然后再使用。C 语言规定只能逐个引用数组元素而不能一次引用整个数组。

引用数组元素的形式为：

数组名[下标]

下标可以是整型常量或整型表达式。例如：

a[0]＝a[5]＋a[7]－a[2*3]

 试一试

问题 4.1 给一个数组元素赋值并输出。

分析：输入和输出数组中的 10 个元素，必须使用循环语句逐个输出各下标变量。

【程序代码】

```
#include "stdio.h"
void main( )
```

```
{
    int i, a[10];
    for(i=0; i<=9; i++)              /*对数组中的元素进行赋值,下标从0开始*/
    {
        a[i]=i;
    }
    for(i=0; i<=9; i++)              /*输出数组中的元素*/
    {
        printf("%d ", a[i]);
    }
}
```

【说明】

数组在内存中连续存放,数组元素是按顺序排列的,数组元素的访问可以通过下标变量进行,因此,可以用循环语句操作数组,这在处理数据时带来许多方便。

问题 4.2　输入 5 个数,计算并输出它们的平均值。

【程序代码】

```
#include "stdio.h"
void main()
{
    int i, a[5], sum=0;
    float average;
    for(i=0; i<5; i++)              /*输入5个数*/
    {
        printf("Input score: ");
        scanf("%d", &a[i]);
    }
    for(i=0; i<5; i++)              /*计算5个数总和*/
    {
        sum=sum+a[i];
    }
    average=sum/5.0;
    printf("%f ", average);
}
```

【说明】

(1) 数组元素的地址也是通过"&"运算符得到的。

(2) C语言中数组元素的下标总是从 0 开始,因此下标为 i 时,表示的是数组第 i+1 个元素,这样,若数组的元素个数为 n,则下标表达式的范围是从 0~n-1,共 n 个元素,超出这个范围就称为数组下标越界。

(3) 通过对一维数组元素的引用,数组元素就可以像普通变量一样进行赋值和算术运算以及输入和输出操作。实际上,由于数组元素排列的规律性,可以通过其下标值,用循环的方法操作数组。

(4) C语言并不检验数组边界,因此,数组的两端都有可能越界而使其他变量的数组甚至程序代码被破坏。

练一练

(1) 在问题 4.2 中,语句:

average＝sum/5.0;

修改为:

average＝sum/5;

结果如何?

(2) 在问题 4.2 中,先用一个循环输入各个数组元素值,再用另一个循环累加求出总和,可以修改程序只使用一个循环,在输入数据的循环中进行累加求和,即输入一个数就累加一个数。

4.1.4　一维数组的初始化

可以用赋值语句或输入函数对数组中的元素进行赋值,但这样会占用运行时间。也可以对数组在程序运行之前进行初始化,即边定义边赋初值。

一维数组初始化的格式为:

数据类型 数组名[常量表达式]＝{初始值列表};

数组元素的初始化方法如下。

(1) 定义数组时对数组元素赋以初值。例如:

int a[5]＝{1, 2, 3, 4, 5};

经过上面的定义和初始化后,a[0]＝1,a[1]＝2,a[2]＝3,a[3]＝4,a[4]＝5。

(2) 可以只给一部分元素赋初值。例如:

int a[5]＝{1, 2};

定义 a 数组有 5 个元素,但花括号内只提供了 2 个初值,这表示只给前面的 2 个元素赋初值,后面 3 个元素值为 0。

(3) 全部元素赋初值时,可以不指定长度。例如:

int a[5]＝{1, 2, 3, 4, 5};

可以写成:

int a[ ]＝{1, 2, 3, 4, 5};

(4) 只能给元素逐个赋值,不能给数组整体赋值。

例如:给 10 个元素全部赋 1 值,只能写为:

int a[10]＝{1,1,1,1,1,1,1,1,1,1};

而不能写为:

int a[10]={1};

 试一试

问题 4.3 输出 Fibonacci 数列的前 20 项。Fibonacci 数列：第一项和第二项为 1，以后各项为前两项之和。

分析：前面使用迭代法解决了这个问题，现在用数组来解决。首先定义一个大小为 20 的数组，然后 f[0]=1，f[1]=1，f[n]=f[n−1]+f[n−2]，(n>1)，运用该公式即可求出数组中后面各项的内容。

【程序代码】

```
#include "stdio.h"
void main()
{
    int f[20];
    int n;
    f[0]=f[1]=1;
    for(n=2; n<20; n++)
        f[n]=f[n-1]+f[n-2];
    printf("Fibonacci 数列:\n");
    for(n=0; n<20; n++)
        printf("%d\t", f[n]);
}
```

任务 4.2 查询学生成绩

 任务分析

在任务 4.1 中，录入了 50 名学生的成绩并保存到了数组中。本任务将实现学生成绩管理系统中的查询功能：①用户输入待查找学生的序号，输出该学生的成绩；②查找学生成绩中的最高分、最低分及所在位置。即实现学生成绩管理系统的第 3 个和第 4 个功能。

4.2.1 实现学生成绩的查询

输入学生的序号，序号减去 1，就得到了该学生在数组中的下标，直接对数组元素进行引用即得到该学生的成绩。查找学生成绩的最高分和最低分，关键在于增加两个变量：max 表示当前的最高分，min 表示当前的最低分。解决方法可参考如下程序。

```
#include"stdio.h"
#include"stdlib.h"
void main()
{
    int i, score[50];
```

```
int choice, find;
int max, posd;                    /* max 表示当前最大值,posd 表示当前最大值所在位置 */
int min, posx;                    /* min 表示当前最小值,posx 表示当前最小值所在位置 */
while(1)
{
    printf(" **************************** \n");
    printf(" 学生成绩管理系统\n");
    printf(" 1.录入学生成绩\n");
    printf(" 2.输出学生成绩\n");
    printf(" 3.查询学生成绩\n");
    printf(" 4.查询成绩最高分和最低分\n");
    printf(" 5.排序学生成绩\n");
    printf(" 6.输出班级学生的成绩单(总分从高到低)\n");
    printf(" 7.退出\n");
    printf(" **************************** \n");
    printf("请输入所选择功能:\n");
    scanf("%d", &choice);
    switch(choice)
    {
        case 1:for(i=0; i<50; i++)            /* 录入学生成绩 */
            {
                printf("请输入第%d 个学生的成绩:\n", i+1);
                scanf("%d", &score[i]);
            }
            break;
        case 2: printf("本班学生的成绩:\n");/* 输出学生成绩 */
            for(i=0; i<50; i++)
                printf("%4d", score[i]);
            printf("\n");
            break;
        case 3: printf("请输入要查找学生的序号:\n");
            scanf("%d", &find);
            if(find>=1&&find<=50)
                printf("第%d 名学生的成绩是%d!\n ", find, score[find-1]);
            else
                printf("该学生不存在!\n");
            break;
        case 4: max=score[0]; posd=0;         /* 对当前的最高分及其所在位置赋初值 */
            min=score[0]; posx=0;             /* 对当前的最低分及其所在位置赋初值 */
            for(i=1; i<50; i++)
            {
                if(max<score[i])
                {
                    max=score[i]; posd=i;
                }
                if(min>score[i])
                {
                    min=score[i]; posx=i;
                }
```

```
    }
    printf("最高分＝%d 是第%d 名学生\n", max, posd＋1);
    printf("最低分＝%d 是第%d 名学生\n", min, posx＋1);
    break;
    case 7: exit(0);
    }
  }
}
```

4.2.2 成绩查询

用初始化方法,把 10 名学生的数学成绩存储在数组中,再输入一个考分,查找该分数在数组中是否存在,如果存在,则输出它是第几名学生的成绩。

分析:采用"顺序查找"法,即将数组中的元素一个一个依次取出,与待查找的数比较,如果相等,则找到了。如果所有元素取出后,都没有找到相等的,则该数不存在。

【程序代码】

```
#include "stdio. h"
void main()
{
    int i, a[10]={56, 65, 76, 68, 92, 37, 87, 51, 73, 48};
    int find;
    printf("请输入要查找的分数:\n");
    scanf("%d", &find);
    for(i=0; i<10; i++)
    {
        if(a[i]==find)                  /* 查找到了 */
        {
            printf("第%d 名学生的成绩!\n ", i+1);
            break;
        }
    }
    if(i>=10)
        printf("该分数不存在!\n");
}
```

【说明】

数组元素在内存中是连续存放的,如有长度为 10 的数组 a,则其各元素值存放形式如图 4.2 所示。鉴于数组下标的规律性,对数组的编程,应主要想办法得到符合条件的数组元素的下标。

56	65	76	68	92	37	87	51	73	48
a[0]	a[1]	a[2]	a[3]	a[4]	a[5]	a[6]	a[7]	a[8]	a[9]

图 4.2　一维数组 a 的存放形式

如果输入一个考分，但在数学成绩数组中有一个以上的考分与此相同，该如何处理？

4.2.3　查询成绩的最大值

输入 10 名学生的成绩，输出分数最高的学生序号及最高成绩。

分析：定义一个变量 max，它表示当前最大的值，然后把 a[0]送入 max 中作为初始值。再设计一个 for 语句，从 a[1]到 a[9]逐个取出并与 max 中的内容比较，若比 max 的值大，则把该下标变量的值送入 max 中，因此 max 总是在已比较过的下标变量的值中为最大者。比较结束，输出 max 的值。

【程序代码】

```c
#include "stdio.h"
void main()
{
    int i, a[10]={56, 65, 76, 68, 92, 37, 87, 51, 73, 48};
    int max=a[0];                           /* max 表示当前最大值 */
    for(i=1; i<10; i++)
    {
        if(max<a[i])
            max=a[i];
    }
    printf("最大值=%d\n", max);
}
```

任务 4.3　学生成绩排序

 任务分析

本任务实现学生成绩管理系统中的成绩排序功能，将某班 50 名同学参加 C 语言程序设计考试的成绩，按从高到低的顺序排序并输出，即实现学生成绩管理系统中的第 5 个功能。

4.3.1　实现学生成绩的排序

数组的排序法有很多，这里介绍冒泡排序法。冒泡排序(Bubble Sort)，顾名思义，就是数据由最大值排列到最小值，像是在水里吐气泡一样，大气泡由于浮力较大，因此会先浮出水面。解决方法可参考如下程序。

```c
#include"stdio.h"
#include<stdlib.h>
```

```
# define N 50
void main()
{
    int i, j, t, score[N];
    int choice, find;
    int max, posd;                    /* max 表示当前最大值,posd 表示当前最大值所在位置 */
    int min, posx;                    /* min 表示当前最小值,posx 表示当前最小值所在位置 */
    while(true)
    {
            printf(" ***************************** \n");
            printf(" 学生成绩管理系统\n");
            printf(" 1.录入学生成绩\n");
            printf(" 2.输出学生成绩\n");
            printf(" 3.查询学生成绩\n");
            printf(" 4.查询成绩最高分和最低分\n");
            printf(" 5.排序学生成绩\n");
            printf(" 6.输出班级学生的成绩单(总分从高到低)\n");
            printf(" 7.退出\n");
            printf(" ***************************** \n");
            printf("请输入所选择功能:\n");
            scanf("%d", &choice);
            switch(choice)
            {
                case 1:for(i=0; i<N; i++)
                    {
                            printf("请输入第%d 个学生的成绩:\n", i+1);
                            scanf("%d", &score[i]);
                    }
                    break;
                case 2: printf("本班学生的成绩:\n");
                    for(i=0; i<N; i++)
                        printf("%4d", score[i]);
                    printf("\n");
                    break;
                case 3: printf("请输入要查找学生的序号:\n");
                    scanf("%d", &find);
                    if(find>=1&&find<=N)
                        printf("第%d 名学生的成绩是%d!\n ", find, score[find-1]);
                    else
                        printf("该学生不存在!\n");
                    break;
                case 4: max=score[0]; posd=0;
                    min=score[0]; posx=0;
                    for(i=1; i<N; i++)
                    {
                            if(max<score[i]) {max=score[i]; posd=i; }
                            if(min>score[i]){min=score[i]; posx=i;}
                    }
```

```
            printf("最高分＝%d 是第%d 名学生\n", max, posd＋1);
            printf("最低分＝%d 是第%d 名学生\n", min, posx＋1);
            break;
        case 5: for(i＝0; i＜N－1; i＋＋)/*这里趟数从0开始, 所以 i＜N－1*/
            {
                for(j＝0; j＜N－1－i; j＋＋)
                    if(score [j]＜score [j＋1])
                    {
                        t＝score [j];
                        score [j]＝ score [j＋1];
                        score [j＋1]＝t;
                    }
            }
            printf("按从高到低顺序输出:\n");
            for(i＝0; i＜N; i＋＋)
                printf("%d\t", score [i]);
            break;
        case 7: exit(0);
        }
    }
}
```

4.3.2 冒泡法排序

冒泡法的思路是:(假设数据按由小到大的顺序进行排序)依次比较相邻的两个数,
将小数放在前面,大数放在后面。例如,对数据 7,1,5,6,9,3 进行排序。

第一趟:首先比较第 1 个数 7 和第 2 个数 1,后者比前者小,将两个数交换,即将小数
1 放前,大数 7 放后。然后比较第 2 个数 7 和第 3 个数 5,将小数 5 放前,大数 7 放后,如
此继续,直至比较最后两个数,将小数放前,大数放后。至此第一趟结束,将最大的数放到
了最后,如图 4.3 所示。

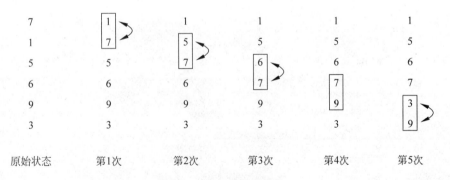

图 4.3 第一趟冒泡过程

第二趟:仍从第一对数开始比较(因为可能由于第 2 个数和第 3 个数的交换,使得第
1 个数不再小于第 2 个数),将小数放前,大数放后,一直比较到倒数第二个数(倒数第一
的位置上已经是最大的)。第二趟结束,在倒数第二的位置上得到一个新的最大数(其实
在整个数列中是第二大的数),如图 4.4 所示。

```
1        1        1        1        1
5        5        5        5        5
6        6        6        6        6
7        7        7        7        3
3        3        3        3        7
9        9        9        9        9
```

原始状态   第1次   第2次   第3次   第4次

图 4.4   第二趟冒泡过程

如此下去,重复以上过程,直至最终完成排序。由于在排序过程中总是小数往前放,大数往后放,相当于气泡往上升,所以称作冒泡排序。

在第一趟中要进行两两比较 5 次,在第二趟中比较 4 次,以此类推,第五趟比较 1 次。如果有 n 个数,则要进行 n−1 趟比较。在第 i 趟比较中要进行 n−i 次两两比较。

 试一试

问题 4.4   有数组 a,其元素值为 7,1,5,6,9,3,现要把该数组按从小到大的顺序排列并输出。

【程序代码】

```c
# include "stdio.h"
# define N 6
void main()
{
    int a[N]={7, 1, 5, 6, 9, 3};
    int i, j, t;
    for(i=0; i<=N−2; i++)                    /* 循环比较趟次 */
    {
        for(j=0; j<N−1−i; j++)
        {
            if(a[j]>a[j+1])                  /* 若前一个数大于后一个数就交换 */
            {
                t=a[j];
                a[j]=a[j+1];
                a[j+1]=t;
            }
        }
    }
    printf("按从小到大顺序输出:\n");
    for(i=0; i<N; i++)
    {
        printf("%d\t", a[i]);
    }
}
```

【说明】

排序算法有许多种,有选择排序、冒泡排序、插入排序等,此处用的是冒泡排序法。冒泡排序是交换排序的一种。排序一般分为两种:升序排序和降序排序。

在问题4.4中,如果要按从大到小的顺序排序,该如何修改程序呢?

任务4.4 处理多名学生多门课程的成绩

在前面的任务中,实现了对多名学生1门课程成绩的管理。在实际应用中,经常还需要处理这样的问题:某班50名学生参与考试,考了3门课程,现要求按总成绩的高低输出成绩单。成绩单的格式如下:

排序	数学	C语言	英语	总分
1	98	87	88	273
2	96	86	88	270

······

这就涉及多名学生多门课程成绩处理的问题,如果仅仅使用一维数组进行上述处理是很困难的,此时需要使用二维数组。

4.4.1 输出班级学生成绩单

实现对多名学生多门课程的成绩管理,首先计算出每位同学3门课程的总分,然后按照总分由高到低的顺序输出班级成绩单。本任务最关键的问题是排序,采用的方法是冒泡法,只是在总分进行交换时,还应该将此同学的科目成绩进行交换,所以交换的数据比较多,显得比较烦琐。解决方法可参考如下程序。

```c
#include "stdio.h"
void main()
{
    int i, j;
    int score[50][3], t;
    int sumr[50]={0, 0, 0, 0, 0};            /*同学的总成绩*/
    printf("请输入50名同学3门课程的成绩\n");
    for(i=0; i<50; i++)
    {
        for(j=0; j<3; j++)
        {
            scanf("%d", &score[i][j]);
            sumr[i]=sumr[i]+score[i][j];        /*输入的同时计算总成绩*/
        }
```

```
        }
        /* 总成绩从高到低排序 */
        for(i=0; i<50-1; i++)                          /* 这里趟数从 0 开始,所以 i<50-1 */
        {
                for(j=0; j<50-i-1; j++)
                {
                        if(sumr[j]<sumr[j+1])
                        {
                                /* 总成绩交换 */
                                t=sumr[j]; sumr[j]= sumr[j+1]; sumr[j+1]=t;
                                /* 科目成绩交换 */
                                t=score[j][0]; score[j][0]=score[j+1][0];
                                score[j+1][0]=t;
                                t=score[j][1]; score[j][1]=score[j+1][1];
                                score[j+1][1]=t;
                                t=score[j][2]; score[j][2]=score[j+1][2];
                                score[j+1][2]=t;
                        }
                }
        }
        printf("按总成绩从高到低顺序输出:\n");
        printf("排序\t科目 1\t科目 2\t科目3\t总分\n");
        for(i=0; i<50; i++)
        {
                printf("第%d 名\t", i+1);
                for(j=0; j<3; j++)
                {
                        printf("%d\t", score[i][j]);
                }
                printf("%d\n", sumr[i]);
        }
    }
```

4.4.2　二维数组

二维数组的定义方式为:

数据类型 数组名[常量表达式 1][常量表达式 2];

其中,"常量表达式 1"和"常量表达式 2"分别表示数值的行数和列数。例如:

int a[3][4], b[5][10];

定义 a 为 3×4(3 行 4 列)的数组,b 为 5×10(5 行 10 列)的数组,注意不能写成

int a[3, 4], b[5, 10];

C 语言对二维数组的定义,使人们可以把二维数组看做是一种特殊的一维数组,它的元素又是一个一维数组。例如,可以把 a 看做是一个一维数组,它有 3 个元素:a[0]、a[1]、a[2],每个元素又是一个包含 4 个元素的一维数组,如图 4.5 所示。

$$a \begin{bmatrix} a[0] \longrightarrow & a_{00} & a_{01} & a_{02} & a_{03} \\ a[1] \longrightarrow & a_{10} & a_{11} & a_{12} & a_{13} \\ a[2] \longrightarrow & a_{20} & a_{21} & a_{22} & a_{23} \end{bmatrix}$$

图 4.5 二维数组元素的排列

可以把 a[0]、a[1]、a[2]看做是 3 个一维数组的名字。上面定义的二维数组可以理解为定义了 3 个一维数组,即相当于

int a[0][4], a[1][4], a[2][4];

此处把 a[0],a[1],a[2]看做一维数组名。

　　C 语言中,二维数组中元素排列的顺序是:按行存放,即在内存中先顺序存放第一行的元素,再存放第二行的元素。

4.4.3　二维数组的引用

　　二维数组元素的表示形式为:

数组名[行下标][列下标]

　　例如,int a[3][4],表示行下标值最小从 0 开始,最大为 3−1=2;列下标值最小为 0,最大为 4−1=3。二维数组 a[3][4]在逻辑上可以形象地用一个矩阵(表格)表示,如图 4.6 所示。

	第0列	第1列	第2列	第3列
第0行	a[0][0]	a[0][1]	a[0][2]	a[0][3]
第1行	a[1][0]	a[1][1]	a[1][2]	a[1][3]
第2行	a[2][0]	a[2][1]	a[2][2]	a[2][3]

图 4.6　二维数组的矩阵表示

 试一试

　　问题 4.5　输入 5 名学生 3 门课程的成绩并输出。

　　分析:用双重循环输入和输出二维数组的元素,外循环控制行,内循环控制列。

　　【程序代码】

```c
#include "stdio.h"
void main()
{
    int i, j;
    int score[5][3];
    printf("请输入 5 名同学 3 门课程的成绩\n ");
    for(i=0; i<5; i++)                    /* 控制行,5 行 */
    {
        for(j=0; j<3; j++)                /* 控制列,3 列 */
        {
            scanf("%d", &score[i][j]);
        }
    }
```

```
        }
        printf("输出 5 名同学 3 门课程的成绩\n ");
        for(i=0; i<5; i++)
        {
            printf("第%d 位同学: ", i+1);
            for(j=0; j<3; j++)
            {
                printf("%5d", score[i][j]);
            }
            printf("\n");                    /* 输出一行后换行 */
        }
}
```

【说明】

(1) 二维数组元素的下标也是通过"&"运算符得到。

(2) 二维数组操作一般使用双重循环比较方便,外循环控制行,内循环控制列。

(3) 二维数组中元素的行下标和列下标也都是从 0 开始。

 练一练

输入一个 4 行 3 列的二维数组,计算所有元素之和。

4.4.4　二维数组的初始化

可以用下面方法对二维数组进行初始化。

(1) 按行给二维数组赋初值。例如:

int a[3][4]={{1, 2, 3, 4}, {5, 6, 7, 8}, {9, 10, 11, 12}};

这种方法直观清晰,便于阅读理解,把第一个花括号内的数据赋给第一行的元素,第二个花括号内的数据赋给第二行的元素,以此类推,即按行赋值。

(2) 可以将所有数据写在一个花括号内,按数组排列的顺序对各元素赋初值。例如:

int a[3][4]={1, 2, 3, 4, 5, 6, 7, 8, 9, 10, 11, 12};

(3) 可以对部分元素赋初值。例如:

int a[3][4]={{1, 2}, {4}, {6, 7, 8}};

它的作用是对部分元素赋初值,其余元素值自动为 0。赋初值后数组各元素分别如下:

$$\begin{bmatrix} 1 & 2 & 0 & 0 \\ 4 & 0 & 0 & 0 \\ 6 & 7 & 8 & 0 \end{bmatrix}$$

(4) 如果对全部数组元素赋值,则第一维的长度可以不指定,但必须指定第二维的长度,全部数据写在一个大括号内。例如:

int a[ ][4]={1, 2, 3, 4, 5, 6, 7, 8, 9, 10, 11, 12};

第一维长度 3 可以省略。

试一试

问题 4.6 编写程序,将一个二维数组行和列元素互换,存放到另一个二维数组中。

$$A = \begin{bmatrix} 1 & 2 \\ 3 & 4 \\ 5 & 6 \end{bmatrix} \qquad B = \begin{bmatrix} 1 & 3 & 5 \\ 2 & 4 & 6 \end{bmatrix}$$

分析:二维数组行和列互换,就是指 i 行 j 列的元素,变成 j 行 i 列的元素。

【程序代码】

```c
#include<stdio.h>
void main()
{
    int m, n, A[3][2]={1, 2, 3, 4, 5, 6}, B[2][3];
    printf("array A:\n");
    for(m=0; m<3; m++)                    /* 处理行 */
    {
        for(n=0; n<2; n++)                /* 处理列 */
        {
            printf("%4d", A[m][n]);
            B[n][m]= A[m][n];             /* 将行列数据进行交换 */
        }
        printf("\n");
    }
    printf("array B:\n");
    for(m=0; m<2; m++)
    {
        for(n=0; n<3; n++)
            printf("%4d", B[m][n]);
        printf("\n");
    }
}
```

问题 4.7 用初始化方法,把 5 名同学 3 门课程成绩存储在二维数组中,计算每位同学的总成绩和平均分,输出总分最高的学生的总成绩。

【程序代码】

```c
#include "stdio.h"
void main()
{
    int i, j;
    int score[5][3]={{91, 79, 89}, {89, 87, 77}, {81, 82, 83}, {90, 77, 66}, {78, 77, 69}};
    /* 每位同学的总成绩和平均分 */
    float sumr[5]={0.0, 0.0, 0.0, 0.0, 0.0}, avgr[5];
    int max=0;                            /* 总分最高分 */
    /* 计算每位同学的总成绩和平均分 */
    for(i=0; i<5; i++)
    {
```

```
        for(j=0; j<3; j++)
        {
            sumr[i]=sumr[i]+score[i][j];         /*计算第i位同学的总成绩*/
        }
        avgr[i]=sumr[i]/3.0;                     /*计算第i位同学的平均分*/
    }
    /*求总分最高分*/
    max=sumr[0];                                 /*假定第一位同学的总成绩是最高的*/
    for(i=1; i<5; i++)
    {
        /*max跟后面的元素逐个比较,将总成绩较高者存入到max中*/
        if(max<sumr[i])
            max=sumr[i];
    }
    printf("总成绩最高为:%d", max);
}
```

在问题 4.7 中,要求输出各门课程的总分及平均分,该如何处理?

任务 4.5　输入/输出学生姓名

 任务分析

本任务完善任务 4.4 的功能,在输出某班 50 位学生 3 门课程考试的成绩单时,输出学生的姓名。这就需要对学生的姓名进行处理。学生的姓名是由若干个字符组成的字符串,本任务需要解决字符串的存放问题。

4.5.1　输出含学生姓名的班级学生成绩单

C 语言中可以用字符数组存放字符串。字符数组中的各数组元素依次存放字符串的各字符,字符数组的数组名代表该数组的首地址。这为处理字符串中个别字符和引用整个字符串提供了极大的方便。解决问题可参考如下程序。

```
#include "stdio.h"
#include "string.h"
#include "stdlib.h"
#define N 10
void main()
{
    int i, j, t, score[N];
    int score1[N][3];
    char name[N][20], temp[20];                      /*学生的姓名*/
    int sumr[10]={0, 0, 0, 0, 0};                    /*学生的总成绩*/
    int choice, find;
```

```
int max, posd;                    /* max 表示当前最大值, posd 表示当前最大值所在位置 */
int min, posx;                    /* min 表示当前最小值, posx 表示当前最小值所在位置 */
while(true)
{
    printf(" **************************** \n");
    printf(" 学生成绩管理系统\n");
    printf(" 1.录入学生成绩\n");
    printf(" 2.输出学生成绩\n");
    printf(" 3.查询学生成绩\n");
    printf(" 4.查询成绩最高分和最低分\n");
    printf(" 5.排序学生成绩\n");
    printf(" 6.输出多名学生多门课程的成绩单(总分从高到低)\n");
    printf(" 7.退出\n");
    printf(" **************************** \n");
    printf("请输入所选择功能:\n");
    scanf("%d", &choice);
    switch(choice)
    {
        case 1:for(i=0; i<N; i++)
            {
                printf("请输入第%d 个学生的成绩:\n", i+1);
                scanf("%d", &score[i]);
            }
            break;
        case 2: printf("本班学生的成绩:\n");
            for(i=0; i<N; i++)
                printf("%4d", score[i]);
            printf("\n");
            break;
        case 3: printf("请输入要查找学生的序号:\n");
            scanf("%d", &find);
            if(find>=1&&find<=N)
                printf("第%d 名学生的成绩是%d!\n ", find, score[find-1]);
            else
                printf("该学生不存在!\n");
            break;
        case 4: max=score[0]; posd=0;
            min=score[0]; posx=0;
            for(i=1; i<N; i++)
            {
                if(max<score[i])
                {
                    max=score[i]; posd=i;
                }
                if(min>score[i])
                {
                    min=score[i]; posx=i;
                }
            }
```

```
        printf("最高分＝%d 是第%d 名学生\n", max, posd＋1);
        printf("最低分＝%d 是第%d 名学生\n", min, posx＋1);
        break;
case 5: for(i=0; i<N-1; i++)
                                            /＊这里趟数从 0 开始,所以 i<N-1＊/
        {
            for(j=0; j<N-i-1; j++)
                if(score [j]> score [j+1])
                {
                t= score [j];
                score [j]= score [j+1];
                score [j+1]=t;
                }
        }
        printf("按从低到高顺序输出:\n");
        for(i=0; i<N; i++)
            printf("%d\t", score [i]);
        break;
case 6: printf("请输入%d 名同学的姓名及 3 门课程的成绩:\n",N);
        for(i=0; i<N; i++)
        {
            scanf("%s", name[i]);                /＊输入学生的姓名＊/
            for(j=0; j<3; j++)
            {
                scanf("%d", &score1[i][j]);
                sumr[i]=sumr[i]+score1[i][j];    /＊输入的同时计算总成绩＊/
            }
        }
                                            /＊总成绩从高到低排序＊/
        for(i=0; i<N-1; i++)                 /＊这里趟数从 0 开始,所以 i<N-1＊/
        {
            for(j=0; j<N-i-1; j++)
            {
                if(sumr[j]<sumr[j+1])
                {
                    /＊总成绩交换＊/
                    t=sumr[j]; sumr[j]= sumr[j+1]; sumr[j+1]=t;
                    /＊科目成绩交换＊/
                    t=score1[j][0]; score1[j][0]=score1[j+1][0] ;
                    score1[j+1][0]=t;
                    t=score1[j][1]; score1[j][1]=score1[j+1][1] ;
                    score1[j+1][1]=t;
                    t=score1[j][2]; score1[j][2]=score1[j+1][2] ;
                    score1[j+1][2]=t;
                    /＊姓名交换＊/
                    strcpy(temp, name[j]);       /＊strcpy 的作用是将 name[j]复制
                                                      到 temp 中＊/
                    strcpy(name[j], name[j+1]);
                    strcpy(name[j+1], temp);
```

```
                    }
                }
            }
            printf("按总成绩从高到低顺序输出:\n");
            printf("排序\t科目1\t科目2\t科目3\t总分\n");
            for(i=0; i<N; i++)
            {
                printf("第%d名\t", i+1);
                printf("%s\t", name[i]);
                for(j=0; j<3; j++)
                {
                    printf("%d\t", score1[i][j]);
                }
                printf("%d\n", sumr[i]);
            }
            break;
        case 7: exit(0);
        }
    }
}
```

4.5.2 字符数组

字符数组就是用来存放字符数据的数组。字符数组中的一个元素存放一个字符。字符数组用于存储和处理一个字符串,其定义格式与一维数值型数组一样,字符数组也要先定义后使用;字符数组元素也是通过数组名加下标引用,下标从 0 开始。

(1)字符数组的定义方式

char 数组名[常量表达式];

例如:

char c[10];

给该字符数组赋值('□'表示空格):c[0]= 'I'; c[1]= '□'; c[2]= 'a'; c[3]='m'; c[4]= '□'; c[5]= 'h'; c[6]= 'a'; c[7]= 'p'; c[8]= 'p'; c[9]= 'y';

该数组的下标从 0~9,赋值以后数组的状态如图 4.7 所示。

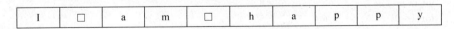

I	□	a	m	□	h	a	p	p	y

图 4.7 赋值后数组状态

(2)字符数组的初始化

① 定义时逐个字符赋给数组中各元素。例如:

char c[5]={ 'c', 'h', 'i', 'n', 'a'};

表示把 5 个字符分别赋给 c[0]~c[4]5 个元素。

② 提供的初值个数与预定的数组长度相同,在定义时可以省略数组长度。例如:

```
char c[]={ 'c', 'h', 'i', 'n', 'a'};
```

系统根据初值个数确定数组的长度,数组的长度自动为5。

（3）可以定义和初始化一个二维数组

① 二维字符数组的定义。例如：

```
char c[10][8];
```

定义一个二维数组 c,共有 10 行 8 列共 80 个元素。

② 二维字符数组的初始化。例如：

```
char c[3][3]={{ 'a', 'b', 'c'}, {'d', 'e', 'f'}, {'1', '2', '3'}};
```

 试一试

问题 **4.8**　给字符数组初始化为"Happy!",并输出各个数组元素。

【程序代码】

```
# include "stdio.h"
void main( )
{
    char c[]={'H', 'a', 'p', 'p', 'y', '!'};
    for(int i=0; i<6; i++)
    {
        printf("%c ", c[i]);
    }
}
```

```
                    *
                   *  *
                  *    *
                   *  *
                    *
```

问题 **4.9**　输出一个钻石图形,如图 4.8 所示。

图 4.8　钻石图

分析：把钻石图看成是 5 行 5 列的二维数组,数组元素由空格和 * 组成。

【程序代码】

```
# include "stdio.h"
void main( )
{
    char c[][5]={{' ', ' ', ' * '}, {' ', ' * ', ' ', ' * '}, {' * ', ' ', ' ', ' ', ' * '}, {' ', ' * ',
    ' ', ' * '}, {' ', ' ', ' * '}};
    int i, j;
    for(i=0; i<5; i++)
    {
        for(j=0; j<5; j++)
        {
            printf("%c", c[i][j]);
        }
        printf("\n");
    }
}
```

 练一练

（1）分析以下程序，其运行结果是什么？

```c
#include "stdio.h"
void main()
{
    char ch[]={'1', '2', 'a', 'b', '5', '6'};
    int i, s=0;
    for(i=0; ch[i]>='0'&& ch[i]<='9'; i+=2) s=10*s+ch[i]-'0';
    printf("%d\n", s);
}
```

（2）打印以下图案：

```
*****
 *****
  *****
   *****
```

4.5.3 字符串

字符串是用双引号括起来的若干有效字符序列，字符串可以包括字母、数字、转义字符等。C 语言中有字符常量和字符变量，有字符串常量，但没有字符串变量。如何存储字符串？C 语言中可以用字符数组存放字符串。字符数组中的各数组元素依次存放字符串的各字符，字符数组的数组名代表该数组的首地址。这为处理字符串中个别字符和引用整个字符串提供了极大的方便。

为了有效而方便地处理字符串，C 语言规定了一个"字符串结束标志"，以字符 '\0' 代表。在处理字符数组的过程中，一旦遇到结束符 '\0'，就表示已达到字符串末尾。在处理数组的有效字符串的长度时，程序往往依靠检测 '\0' 来判定字符串长度是否结束而不是根据数组长度来决定字符串长度。

'\0' 代表 ASCII 码为 0 的字符，ASCII 码为 0 的字符不是一个可以显示的字符，而是一个"空操作符"，即它什么也不干。用它来作为字符串结束标志不会产生附加的操作或增加有效字符，只起一个供辨别的标志。

在 C 语言中，还可以用字符串常量来对字符数组进行初始化，例如：

char c[]="Happy";

等价于：

char c[]={'H', 'a', 'p', 'p', 'y', '\0'};

这时数组的长度是 6，而不是 5。

 试一试

问题 4.10 分析以下程序，其运行结果是什么？

【程序代码】

```c
#include "stdio.h"
void main()
{
    char c[5]= {'a', 'b', '\0', 'c', '\0'};
    printf("%s\n", c);
}
```

【说明】

(1) 用"%s"格式符,意思是输出字符串,输出时遇到结束符'\0'就停止输出。

(2) 如果一个字符数组中包含一个以上'\0',则遇第一个'\0'时输出就结束。

(3) 用"%s"格式符输出字符串时,printf()函数中的输出项是字符数组名,而不是数组元素名。写成下面的代码是不对的:

printf("%s", c[0]);

(4) 字符数组并不要求它的最后一个字符为'\0',甚至可以不包含'\0'。像下面的写法是合法的:

char c[5]= {'H', 'a', 'p', 'p', 'y'};

是否需要加'\0',完全根据需要决定。但是只要用字符串常量就会自动加一个'\0'。

(1) 分析以下程序,其运行结果是什么?

```c
#include "stdio.h"
void main()
{
    char str[]="SSSWLIA", c;
    int k;
    for(k=2; (c=str[k])!='\0'; k++)
    {
        switch(c)
        {
            case 'I': ++k; break;
            case 'L': continue;
            default:
                putchar(c); continue;
        }
        putchar('*');
    }
}
```

(2) 有字符串"abcAbcDEFDef",把该字符串中的小写字母转换为大写字母后输出。

4.5.4 字符数组的输入/输出

可以用格式符"%s"将字符串一次输入或输出。例如:

```
char c[6];
scanf("%s", c);
printf("%s", c);
```

输出时,遇"\0"结束,且输出字符中不包含"\0"。"%s"格式输入时,遇空格或回车结束,但获得的字符不包含回车及空格本身,而是在字符串末尾添"\0"。

也可以用格式符"%s"进行二维字符数组的输入和输出。例如:

```
char name[10][12];
```

表示有 10 个字符串,每个字符串的长度不超过 12。

```
scanf("%s", name[2]);
printf("%s", name[2]);
```

其中,scanf("%s", name[2])表示输入二维字符数组中第 3 行的值(即输入第 3 个字符串),而 printf("%s", name[2])表示输出二维字符数组中第 3 行的值。

 试一试

问题 4.11　编写程序,输入和输出 3 名学生的姓名。

【程序代码】

```
#include "stdio.h"
void main()
{
    char name1[5], name2[5], name3[5];
    printf("请输入姓名:\n");
    scanf("%s%s%s", name1, name2, name3);
    printf("输出的姓名为:\n");
    printf("%s,%s, %s\n", name1, name2, name3);
}
```

【说明】

(1) 利用一个 scanf()函数输入多个字符串,输入时以空格作为字符串间的分隔。若在该例中输入数据:

How are you?

输入后,name1、name2、name3 数组状态如图 4.9 所示。

H	o	w	\0	
a	r	e	\0	
y	o	u	?	\0

图 4.9 字符串输入后的数组状态

(2) scanf()函数中的输入项是字符数组名。输入项为字符数组名时,不要再加地址符 &,下面写法不对:

```
char str[13];
scanf("%s", &str);
```

练一练

（1）当运行下面程序时，从键盘上输入 AabD 并回车，下面程序的运行结果是什么？

```
#include "stdio.h"
void main()
{
    char s[80];
    int i=0;
    scanf("%s", s);
    while(s[i]!='\0')
    {
        if(s[i]<='z'&&s[i]>='a')
            s[i]='z'+'a'-s[i];
        i++;
    }
    printf("%s", s);
}
```

（2）输入一行字符串，统计其中大写字母、小写字母、数字以及其他字符的个数。

任务4.6 任 务 拓 展

4.6.1 字符串处理函数

在 C 语言的函数库中提供了一些用来处理字符串的函数，如表 4.1 所示。这些函数的原型在头文件 string.h 中。

表 4.1 字符串函数

函数名	功　　能	调用方法	调 用 实 例
puts()	将一个字符串（以 '\0' 结束的字符序列）输出到终端	puts(字符数组)	char str[ ]="China"; puts(str); /* 输出结果为：china */
gets()	从终端输入一个字符串到字符数组。允许输入空格	gets(字符数组)	char str[20]; gets(str); /* 输入 I am 时，数组 str 得到的就是 I am */
strlen()	测试字符串长度的函数。函数的值为字符串中实际长度，不包括'\0'在内	strlen(字符串)	char str[10]="China"; printf("%d", strlen(str)); /* 输出结果不是 10，也不是 6，而是 5 */

续表

函数名	功　能	调用方法	调用实例
strcat()	把第二个字符串连接到第一个字符串后面,组成一个字符串并在最后自动加上结束符'\0'	strcat(字符数组1,字符数组2)	char str1[80]= "Hello"; char str2[80]= "world"; strcat(str1, str2); / * str1 的值为:Helloworld * /

strcpy()	将第二个字符串值复制到第一个字符数组中,连同结束符'\0'一起被复制	strcpy(字符数组1,字符数组2)	char str1[10];
			char str2[10]= "China";
			strcpy(str1, str2);
			/ * 使得 str1 的值为 China * /
			strcpy(str2, "World");
			/ * 使得 str2 的值为"World" * /

strcmp()	逐个比较两个字符串的对应字符,直到出现不同字符或遇到'\0'字符为止	strcmp(字符串1,字符串2)	返回值=0,字符串1=字符串2; 返回值>0,字符串1>字符串2; 返回值<0,字符串1<字符串2

4.6.2　程序举例

在前面几个任务中介绍了一维数组、二维数组,下面通过例子来巩固前面所介绍的知识。

试一试

问题 4.12　输入 10 个数存入一维数组,然后再按逆序重新存放后输出。

分析:定义一个一维数组 int a[10],用一个循环将 10 个数输入。然后 a[0]与 a[9]、a[1]与 a[8]、a[2]与 a[7]、a[3]与 a[6]、a[4]与 a[5]进行交换,即 a[i]和 a[9-i]交换(i=0~(10-1)/2),最后输出 a[0]至 a[9]即可。

【程序代码】

```
#include "stdio.h"
void main()
{
    int a[10], i, t;
    printf("请输入 10 个数\n");
    for(i=0; i<10; i++)
    {
        scanf("%d", &a[i]);
    }
    for(i=0; i<=(10-1)/2; i++)          / * 数据交换 * /
    {
        t=a[i];
        a[i]=a[10-1-i];
        a[10-1-i]=t;
    }
```

```
        printf("请输逆序数\n");
        for(i=0; i<10; i++)
        {
            printf("%3d", a[i]);
        }
}
```

问题 4.13 输出如下的杨辉三角形,要求一共有 10 行 10 列。

```
1
1  1
1  2  1
1  3  3  1
1  4  6  4  1
```

…

分析:从杨辉三角形可以看出,杨辉三角形的规律是:第 1 列的元素值为 1,主对角线上的元素值也为 1,其他元素的值都是其前一行的前一列与前一行的同一列的值相加。

【程序代码】

```
#include "stdio.h"
void main()
{
    int a[10][10], i, j;
    /*给第 1 列及主对角线元素赋值为 1*/
    for(i=0; i<10; i++)
    {
        a[i][0]=1;
        a[i][i]=1;
    }
    /*计算其他列的值*/
    for(i=1; i<10; i++)
    {
        for(j=1; j<i; j++)
        {
            a[i][j]=a[i-1][j-1]+a[i-1][j];
        }
    }
    printf("杨辉三角形的图形为:\n");
    for(i=0; i<10; i++)
    {
        for(j=0; j<=i; j++)
        {
            printf("%5d", a[i][j]);
        }
        printf("\n");                        /*换行*/
    }
}
```

问题 4.14 从键盘输入 5 个字符串,将其中最大的字符串输出。

分析:比较字符串大小,可以利用 strcmp() 函数实现。strcmp() 函数在对两个字符串进行比较时,将两个字符串的对应字符进行逐个比较(按 ASCII 码值大小比较),直到出现不同字符或遇到'\0'为止。如全部字符相同,则认为相等;若出现不相同的字符,则以第一个不相同的字符的比较结果为准。比较的结果由函数值返回。如有 strcmp(字符串 1,字符串 2);则有:

字符串 1=字符串 2,函数值为 0
字符串 1>字符串 2,函数值为一正整数
字符串 1<字符串 2,函数值为一负整数

注意字符串比较不能使用以下形式:

if(str1==str2) printf("yes");

而只能用:

if(strcmp(str1, str2)) printf("yes");

【程序代码】

```
# include "stdio.h"
# include "string.h"
void main()
{
    char max[80]="", str[80];        /* max 表示当前最大的字符串,初始值为空 */
    int i;
    for(i=0; i<5; i++)               /* 输入 5 个字符串,并比较 */
    {
        gets(str);
        if(strcmp(max, str)<0)       /* 字符串比较 */
            strcpy(max, str);        /* 字符串复制 */
    }
    strcpy(str, "The result is:");
    strcat(str, max);                /* 字符串连接 */
    puts(str);
}
```

【说明】

在输入 5 个字符串时,必须用回车符分隔,因为使用 gets() 函数从终端输入一个字符串到字符数组,允许输入空格。

问题 4.15 输入一行字符,统计其中有多少个单词,单词之间用空格分隔开。

分析:单词的数目可以由空格出现的次数决定(连续的若干个空格作为出现一次空格;一行开头的空格不在内)。如果测出某一个字符为非空格,而它前面的字符是空格,则表示"新的单词开始了",此时使单词数 num 累加 1。如果当前字符为非空格而其前面的字符也是非空格,则意味着仍然是原来那个单词的继续,单词数 num 不应再累加 1。前一个字符是否为空格可以利用变量 word 的值看出来,若 word=0,则表示前一个字符

是空格,如果 word＝1,意味着前一个字符为非空格。

【程序代码】

```
#include "stdio.h"
#include "string.h"
void main()
{
    char str[80];
    int i, num=0, word=0;
    char c;
    gets(str);
    for(i=0; (c=str[i])!='\0'; i++)
    {
        if(c==' ')word=0;
        else if(word==0)
        {
            word=1;
            num++;
        }
    }
    printf("There are %d words in the line\n", num);
}
```

4.6.3 自己动手

(1) 以下程序的功能是:从键盘上输入若干个学生的成绩,计算出平均成绩,并输出低于平均分的学生成绩,用输入负数结束。请填空。

```
#include "stdio.h"
void main()
{
    float x[100], sum=0.0, ave, a;
    int n=0, i;
    printf("Enter mark:\n");
    scanf("%f", &a);
    while(a>=0.0 && n<100)
    {
        sum+=_____;
        x[n]=_____;
        n++;
        scanf("%f", &a);
    }
    ave=_____;
    printf("ave=%f\n", ave);
    for(i=0; i<n; i++)
    {
        if _____
            printf("%f\n", x[i]);
    }
}
```

（2）分析下列程序，并上机运行。

```c
#include "stdio.h"
void main()
{
    int a[4][4]={{1, 4, 3, 2}, {8, 6, 5, 7}, {3, 7, 2, 5}, {4, 8, 6, 1}}, i, k, t;
    for(i=0; i<3; i++)
    {
        for(k=i+1; k<4; k++)
        {
            if(a[i][i]<a[k][k])
            {
                t=a[i][i];
                a[i][i]=a[k][k];
                a[k][k]=t;
            }
        }
    }
    for(i=0; i<4; i++)
        printf("%d\n", a[0][i]);
}
```

（3）分析下列程序，并上机运行。

```c
#include "stdio.h"
#include "string.h"
void main()
{
    printf("%d\n", strlen("IBM\n012\\0"));
}
```

（4）分析下列程序，并上机运行。

```c
#include "stdio.h"
void main()
{
    int i=0;
    char a[]="hello", b[]="world", c[10];
    while(a[i]!='\0' && b[i]!='\0')
    {
        if(a[i]>=b[i])  c[i]=a[i]-32;
        else  c[i]=b[i]-32;
        i++;
    }
    c[i]= '\0';
    puts(c);
}
```

习 题 4

1. 选择题

(1) 在 C 语言中,引用数组元素时,其数组下标的数据类型允许是(　　　)。
　　A. 整型常量　　　　　　　　　　B. 整型表达式
　　C. 整型常量或整型表达式　　　　D. 任何类型的表达式

(2) 以下对一维整型数组 a 的正确说明是(　　　)。
　　A. int a(10);　　　　　　　　　　B. int n=10, a[n];
　　C. int n;　　　　　　　　　　　　D. int a[10];
　　　scanf("%d", &n);
　　　int a[n]

(3) 若有定义:int a[10],则对数组的正确引用是(　　　)。
　　A. a[10]　　　　　　　　　　　　B. a[3.5]
　　C. a(5)　　　　　　　　　　　　　D. a[10−10]

(4) 以下不能对一维数组 a 进行正确初始化的语句是(　　　)。
　　A. int a[10]={0, 0, 0, 0, 0};　　B. int a[10]={};
　　C. int a[10]={0};　　　　　　　　D. int a[10]={10 * 1};

(5) 以下能对二维数组 a 进行正确初始化的语句是(　　　)。
　　A. int a[2][ ]={{1, 0, 1}, {5, 2, 3}};
　　B. int a[ ][3]={{1, 2, 3}, {4, 5, 6}};
　　C. int a[2][4]={{1, 2, 3}, {4, 5}, {6}};
　　D. int a[ ][3]={{1, 0, 1}, {}, {1, 1}};

(6) 若二维数组 a 有 m 列,则计算任一元素 a[i][j] 在数组中位置的公式为(　　　)(设 a[0][0] 位于数组的第一个位置上)。
　　A. i * m+j　　　　B. j * m+i　　　　C. i * m+j−1　　　　D. i * m+j+1

(7) 以下程序的输出结果是(　　　)。

```
#include "stdio.h"
void main()
{
    int b[3][3]={0, 1, 2, 0, 1, 2, 0, 1, 2}, i, j, t=1;
    for(i=0; i<3; i++)
        for(j=i; j<=i; j++)
            t=t+b[i][j];
    printf("%d\n", t);
}
```

　　A. 3　　　　　　　B. 4　　　　　　　C. 1　　　　　　　D. 9

（8）下面是对 s 的初始化，其中不正确的是（   　）。

A．char s[5]＝{"abc"}；   B．char s[5]＝{'a'，'b'，'b'}；

C．char s[5]＝" "；   D．char s[5]＝"abcdef"；

（9）判断字符串 a 和 b 是否相等，应当使用（   　）。

A．if(a＝＝b)   B．if(a＝b)

C．if(strcmp(a，b)＝＝0)   D．if(strcmp(a，b)＜0)

（10）不能把字符串：Hello! 赋给数组 b 的语句是（   　）。

A．char b[10]＝{'H'，'e'，'l'，'l'，'o'，'!'}

B．char b[10]；b＝"Hello!"

C．char b[10]；strcpy(b，"Hello!")；

D．char b[10]＝"Hello!"；

2．填空题

（1）C 语言数组的下标总是从_____开始，不可以为负数；构成数组的各个元素具有相同的_____。

（2）设有定义：double a[3][3]＝{{0}，{1}，{2}}；，则数组元素 a[1][2]的值是_____。

（3）下面程序可以求出矩阵 a 的主对角线上的元素之和，请填空。

```
#include "stdio.h"
void main()
{
    int a[3][3]＝{1, 3, 5, 7, 9, 11, 13, 15, 17}, sum＝0, i, j;
    for(i＝0; i＜3; i＋＋)
        for(j＝0; j＜3; j＋＋)
            if _____ sum＝sum＋_____;
    printf("sum＝%d \n", sum);
}
```

（4）下面程序的功能是输入 10 个数，找出最大值和最小值所在的位置，并把两者对调，然后输出调整后的 10 个数，请填空使程序完整。

```
#include "stdio.h"
void main()
{
    int a[10], max, min, i, j, k;
    for(i＝0; i＜10; i＋＋)
        scanf("%d", &a[i]);
    max＝min＝a[0];
    for(i＝0; i＜10; i＋＋)
    {
        if(a[i]＜min)
        {
            min＝a[i];
```

```
                    _____;
                }
                if(a[i]>max)
                {
                    max=a[i];
                    _____;
                }
            }
        a[j]=max;
        a[k]=min;
        for(i=0; i<10; i++)
            printf("%d ", a[i]);
}
```

（5）以下程序是将字符串 b 的内容连接到字符数组 a 的内容后面,形成新字符串 a,请填空使程序完整。

```
#include "stdio.h"
void main()
{
    char a[40]= "Great ", b[]="Wall";
    int i=0, j=0;
    while(a[i]!='\0')i++;
    while(      )
    {
        a[i]=b[j];
        i++;
        j++;
    }
    a[i]= _____;
    printf("%s\n", a);
}
```

（6）以下程序的输出结果是_____。

```
#include "stdio.h"
#include "string.h"
void main()
{
    char a[7]= "abcdef", b[4]= "ABC";
    strcpy(a, b);
    printf("%c\n", a[5]);
}
```

（7）数列的第 1、2 项均为 1,其余各项均为该前两项之和。计算数列前 30 项的和。请填空使程序完整。

```
#include "stdio.h"
void main()
{
```

```
long s=0, i, a[30];
a[0]=1; a[1]=1;
for(i=2; i<30; i++)
_____;
for(i=0; i<30; i++)
_____;
printf("%ld\n", s);
}
```

3．编程题

（1）编写程序，找出一个 n 行 m 列二维数组中的鞍点，即该位置上的元素在该行上最大，在该列上最小，也可能没有鞍点。

（2）编一程序，将字符数组 s2 中的全部字符复制到字符数组 s1 中。不用 strcpy() 函数。复制时，'\0'也要复制过去，'\0'后面的字不复制。

（3）求出一个 $2×M$ 整型二维数组中最大元素的值，编写程序。

（4）一组有序的数据 8，9，12，18，23，34，56，78，输入一个待查找的数，如果该数存在则输出该数所在的序号，如果不存在则将该数插入到该数组中，保持数组的有序性。

（5）用数组方式打印如下所示图形：

```
    1
    3    5
    7    9    11
    13   15   17   19
```

用函数实现学生成绩管理系统

 项目要点

- 函数的概念
- 函数的定义和调用
- 函数调用时参数的传递
- 编译预处理

 学习目标

- 熟知函数的定义和调用
- 熟练编写和调用函数
- 熟悉函数的嵌套调用和递归调用
- 掌握宏定义及条件编译的运用

 工作任务

在项目 4 中,实现了学生成绩管理系统,细心的读者会发现,程序的可读性不强,主函数 main() 中的内容太多,用 case 语句实现了 7 个功能,而且每个 case 语句都包含了很多的代码。程序的结构不够清晰,不方便调试,程序不易读懂,程序的功能不易扩展。

C 语言提倡使用"模块化设计思想"。"模块化设计思想"就是将一个较复杂的大问题分解成一个一个地子问题,把每个子问题都看成是一个模块,编写程序的重心就落在如何实现这些模块上,这样就把大问题化小,复杂的问题化简单了。本项目就是采用"模块化设计思想",使用函数来实现学生成绩管理系统。

本项目在项目 4 的基础上对功能模块重新进行了设计,处理班级多名学生多门课程的成绩。功能模块图如图 5.1 所示。

 引导问题

(1) 项目功能较多,如何将相对独立的功能单独实现?
(2) 如何使用已经独立实现的功能模块?
(3) 保存数据的各类变量的作用域是什么?

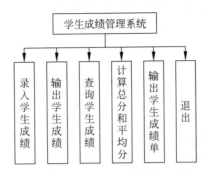

图 5.1　功能模块图

任务 5.1　认 识 函 数

 任务分析

某班有 50 名学生,参加 3 门课程的期末考试,用函数实现以下功能:①统计一门课程的总分及平均分;②统计多门课程的总分和平均分;③设计界面,输出分隔线。通过本任务熟悉函数的定义和调用方法,实现统计 1 门课程的总分及平均分的功能。

5.1.1　使用函数实现学生 1 门课程的成绩管理

定义 3 个函数:函数 1 实现输出一条线,函数 2 实现求 1 门课程总分和平均分的功能,主函数调用前两个函数来完成任务。解决方法可参考如下程序。

```c
#include "stdio.h"
/*定义输出一条线的函数 line*/
void line()
{
    printf("--------------------------------------------\n");
}
/*定义求总分函数 sum*/
float sum(int n)
{
    int x, i;
    float s=0;
    line();
    printf("请输入本班的考试成绩:\n");
    for(i=1; i<=n; i++)
    {
        scanf("%d", &x);
        s+=x;
    }
    return s;
}
```

```
/*主函数*/
void main()
{
    int k, n, km;
    float scoresum, average;
    line();
    printf("\t班级成绩统计\n");
    line();
    printf("1.统计1门课程的总分及平均分\n");
    printf("2.统计多门课程的总分及平均分\n");
    printf("请输入1~2之间的一个数:");
    scanf("%d", &k);
    line();
    if(k==1)
    {
        printf("请输入统计的班级的人数 n=");
        scanf("%d", &n);
        line();
        scoresum=sum(n);
        average=scoresum/n;
        printf("本班的总分=%.0f\t平均分=%.1f\n", scoresum, average);
        line();
    }
}
```

5.1.2　函数的定义和调用

1. 函数的定义

在前面已经介绍过,C语言源程序是由函数组成的。虽然在前面各章的程序中大都只有一个主函数 main(),但在实际项目中往往由多个函数组成。函数是C语言源程序的基本模块,通过对函数模块的调用实现特定的功能。C语言不仅提供了极为丰富的库函数(如 Turbo C,MS C 都提供了300多个库函数),还允许用户建立自己定义的函数。用户可把自己的算法编成一个个相对独立的函数模块,然后用调用的方法来使用函数。可以说C程序的全部工作都是由各种各样的函数来完成的,所以也把C语言称为函数式语言。

简单地说,函数可以看做是一个可以执行特定功能的"黑匣子",当给定输入时,它就会给出正确的输出,内部程序是怎么执行的不必知道。只有当编写一个函数时才需要熟悉内部是怎么实现的。

由于采用了函数模块式的结构,C语言易于实现结构化程序设计。使程序的层次结构清晰,便于程序的编写、阅读和调试,便于程序功能的扩展。

函数定义的一般形式:

函数类型 函数名([形式参数表])
{

```
        [函数体]
    }
```

其中,形式参数表中的形式参数(简称形参)要说明其数据类型,函数类型和形式参数的数据类型可以是基本数据类型,如整型、长整型、字符型、单精度浮点型、双精度浮点型以及无值型等,也可以是指针等其他类型。当有多个形式参数时,相互之间用逗号分开。

函数名是用户定义函数的标识,在一个 C 程序中,除了主函数有固定名称 main 外,其他函数名由用户定义,取名规则与标识符相同,函数名与其后的圆括号之间不能留空格。

函数体为实现该函数功能的一组语句,并包括在一对花括号{ }中。

方括号[ ]代表可选,即表示函数可以有形式参数,也可以没有形式参数。有形式参数的函数称为有参函数,没有形式参数的函数称为无参函数,在定义无参函数时,建议在形参表中使用关键字 void。函数体也可以没有,没有函数体的函数称为空函数。

在定义函数时也可不指定函数类型,此时系统会隐含指定函数类型为 int 型,但是为了程序清晰和安全,建议都加声明。

 试一试

问题 5.1 函数的定义。

【程序代码】

```
void Hello() / * 定义函数 Hello() * /
{
    printf ("Hello, world\n");
}
```

【说明】

这是一个无返回值、无参的函数,当被其他函数调用时,输出"Hello, world"字符串。

2. 函数的调用

(1) 函数调用形式

定义函数后,通过调用函数来执行函数的功能。

调用函数的一般形式如下:

函数名([实际参数列表]);

其中,实际参数(简称实参)是有确定值的变量或表达式,若有多个参数,各参数间需要用逗号分开。

【说明】

① 在实参表中,实参的个数与顺序必须和形参的个数与顺序相同,实参的数据类型必须和对应的形参数据类型相同。

② 若为无参数调用,调用时函数名后的括号不能省略。

③ 函数间可以互相调用,但不能调用 main()函数。

（2）函数调用的方式

按函数在程序中出现的位置来分，可以有以下三种函数调用方式。

① 函数语句：把函数调用做为一个语句，即"函数名（[实参表]）；"。如"printStar ()；"，执行该语句时，调用函数 printStar()，执行其功能。这时不要求函数带返回值，只要求函数完成一定的操作。

② 函数表达式：函数出现在一个表达式中，要求函数带回一个确定的值以参加表达式的运算。如"ms＝sum(a, b)/2.0；"，执行该语句时，调用 sum()函数，并返回运算值赋值给 ms。

③ 函数参数：函数调用做为一个函数的实参，如"result＝max(a, max(b, c))"；。

 试一试

问题 5.2   无参函数的定义和调用。

【程序代码】

```
#include "stdio.h"
void printStar()              /* 定义函数 printStar() */
{
    printf(" ******************* \n");
}
void printMessage()           /* 定义函数 printMessage() */
{
    printf("This is a C program!\n");
}
void main()
{
    printStar();              /* 调用函数 printStar() */
    printMessage();           /* 调用函数 printMessage() */
    printStar();              /* 调用函数 printStar() */
}
```

【说明】

程序中除了主函数 main() 之外，还有两个无参函数，分别是 printStar() 函数和 printMessage() 函数。按照模块化的观点来看这个程序：由 3 个模块构成，每个模块是由一个函数构成的。它们之间的调用关系，如图 5.2 所示。

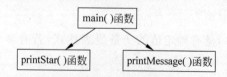

图 5.2   程序中函数的调用关系

 练一练

编写函数实现在屏幕上输出一条线，并在主函数中调用输出两条线。

问题 5.3　有参函数的定义和调用。

【程序代码】

```
#include "stdio.h"
int sum(int x, int y)          /* 定义函数 sum() */
{
    int z;
    z=x+y;
    return(z);                 /* 返回所求之和 */
}
void main()
{
    int a, b;
    float avg;
    printf("Input two numbers:");
    scanf("%d%d", &a, &b);
    avg=sum(a, b)/2.0; /* 调用函数 sum() */
    printf("The average is %f\n", avg);
}
```

【说明】

(1) 本例实现了从键盘输入两个整数,在显示器上输出这两个数的平均值,其中求两个数的和是通过一个有参数的函数 sum() 实现的。

(2) 当函数有值返回时,需要使用 return 语句,作用是在函数执行完毕时,将带回一个类型为所指定(未指定时默认为 int)的值给主函数。当定义了返回值类型,而在函数体中不用 return 语句,这样函数会带回一个不确定的值,这样的值是没有用的,所以当不需要一个函数的返回值时,最好定义成无返回值的类型(用 void 指定)。

试一试

问题 5.4　输入 3 个数,输出其最大值。

【程序代码】

```
#include "stdio.h"
int max(int x, int y)                      /* 定义函数 max() */
{
    int mx;
    mx=x>y?x:y;
    return mx;
}
void main()
{
    int a, b, c, result;
    printf("Please input 3 integer numbers:\n");
    scanf("%d%d%d", &a, &b, &c);
    result=max(a, max(b, c));          /* 调用函数 max() */
    printf("The max of (%d、%d、%d) is %d\n", a, b, c, result);
}
```

【说明】

程序中除了主函数 main() 之外,还有用于求两个数最大值的 max() 函数。计算 3 个数最大值时,调用函数 max() 时的实参用"函数调用"方式实现,语句"result＝max(a, max(b, c));"即为这种调用方式。

 练一练

编写一个求 1＋2＋…＋n 的函数,并在主函数中调用,计算出 1～100 的累加和。

 试一试

问题 5.5   编写一个函数判断某年是否是闰年,如果是,则返回值为 1;如果不是,则返回值为 0。在主函数中调用,判断输入的年份是否为闰年。

分析:设计一个函数,实现是否是闰年的判断,它的参数为表示年份的 year,具有返回值。

【程序代码】

```
# include "stdio.h"
int judgeLeap(int year)                    /* 定义函数 judgeLeap() */
{
    if((year%4==0&&year%100!=0)||(year%400==0))
        return 1;
    else
        return 0;
}

void main()                                /* 主函数 */
{
    int year;
    printf("请输入年份:\n");
    scanf("%d", &year);
    if(judgeLeap(year))
        printf("%d is leap year!\n", year);
    else
        printf("%d is leap not year!\n", year);
}
```

【说明】

在 C 语言程序的源文件中,当把被调用函数的位置放在主调函数的前面时,编译系统不会提示错误;但当把被调函数放在主调函数的下方时,有时编译系统就会提示有错误,这是因为在主调函数中调用某函数之前应对该被调函数进行声明。这与使用变量之前要先进行变量声明是一样的。在主调函数中对被调函数作说明也叫"函数原型",目的是让编译系统对被调函数的合法性进行检查。

声明的一般形式为:

类型说明符 被调函数名(类型 形参,类型 形参,…);

或

类型说明符 被调函数名(类型,类型,…);

声明时,括号中可以给出形参的类型和形参名,或只给出形参类型,最简单的声明方式就是在主调函数的声明中把被调函数的头重新写一遍,然后在最后面加上分号作为声明结束。函数声明便于编译系统对程序进行检错,以防止可能出现的错误调用方式或参数列表。

例如:

```
int max(int x, int y);
double f(float a);
main()
{
    …
}
int max(int x, int y)
{
    …
}
double f(float a)
{
    …
}
```

任务 5.2　嵌套调用和递归调用

 任务分析

在任务 5.1 的基础上,通过本任务来熟悉函数的嵌套调用,实现统计多门课程成绩的总分和平均分的功能。

5.2.1　使用函数实现学生多门课程的成绩管理

本任务设计 4 个函数:函数 1 实现输出一条线,函数 2 实现求多门课程的总成绩,函数 3 实现求某课程的平均分,主函数负责函数的调用。解决方法可参考如下程序。

```
#include "stdio.h"
/*定义输出一条线的函数*/
void line()
{
    printf("----------------------------------------------\n");
}
/*定义求课程总成绩的函数*/
float get_sum(int n)
{
```

```c
    int x, i;
    float s;
    s=0.0;
    for(i=1; i<=n; i++)
    {
        scanf("%d", &x);
        s+=x;
    }
    return s;
}
/* 定义求多门课程平均分的函数 */
void get_ave(int n, int km)
{
    float avg, sum;
    int j;
    for(j=1; j<=km; j++)
    {
        printf("请输入第%d门课程的考试成绩\n", j);
        sum=get_sum(n);              /* 嵌套调用 */
        avg=sum/n;
        printf("第%d门课程的总分=%.0f\t平均分=%.1f\n", j, sum, avg);
    }
}
/* 主函数 */
int main()
{
    int k, n, km;
    line();
    printf("\t班级成绩统计\n");
    line();
    printf("1.统计一门课程的总分及平均分\n");
    printf("2.统计多门课程的总分及平均分\n");
    printf("请输入1~2之间的一个数:");
    scanf("%d", &k);
    line();
    if(k==2)
    {
        printf("请输入统计的人数 n=");
        scanf("%d", &n);
        line();
        printf("请输入要统计的课程门数 km=");
        scanf("%d", &km);
        line();
        get_ave(n, km);
    }
    return 0;
}
```

5.2.2 函数的嵌套调用

C语言中函数的定义都是互相平行、独立的。一个函数的定义内不能包含另一个函数。这就是说 C 语言是不能嵌套定义函数的,但 C 语言允许嵌套调用函数。所谓嵌套调用就是在调用一个函数并在执行该函数中,又调用另一个函数的情况。

 试一试

问题 5.6 编写程序,用于实现求公式:

$$C_m^n = \frac{m!}{n!\ (m-n)!}$$

分析:定义 3 个函数:主函数、求阶乘的函数及求组合的函数。

【程序代码】

```c
#include "stdio.h"
void main()
{
    long funC(long, long);   /*函数的声明*/
    long funN(long n);       /*函数的声明*/
    long m, n, c;
    printf("Please input two numbers(m>=n):");
    scanf("%ld%ld", &m, &n);
    c=funC(m, n);
    printf("C(%ld, %ld)=%ld\n", m, n, c);
}
long funC(long m, long n)     /*求组合的函数*/
{
    long funN(long);
    long a, b, c, cmn;
    a=funN(m); b=funN(n); c=funN(m-n);
    cmn=a/(b*c);
    return cmn;
}
long funN(long n)             /*求阶乘的函数*/
{
    long i, result=1;
    for(i=1; i<=n; i++)
        result *=i;
    return result;
}
```

【说明】

求数的阶乘由函数 funN() 来实现,求组合数 C_m^n 用函数 funC() 来实现。主函数 main() 调用函数 funC(),而函数 funC()调用函数 funN()3 次,分别计算 m!、n!、(m-n)!。计算结果返回主函数进行输出。m 和 n 由键盘输入。

当从键盘输入数值 10 和 4,程序执行结果如下:

```
Please input two numbers(m、n):10 4
C(10,4)=210
```

本实例的函数嵌套调用和返回的过程,如图 5.3 所示。

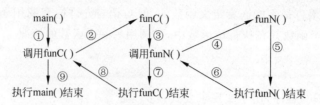

图 5.3　函数嵌套调用示意图

用函数的嵌套调用实现求 $2|x|+1$ 的值。

5.2.3　函数的递归调用

5.2.2 小节介绍了在一个函数中如何嵌套调用另一个函数的过程。那么，一个函数在执行过程中是否能够直接或间接地调用函数本身呢？答案是肯定的。这种在调用一个函数的过程中又出现直接或间接地调用函数本身，称为函数的递归调用。C 语言允许函数递归调用，函数递归调用可分为直接递归调用和间接递归调用，如图 5.4 所示。

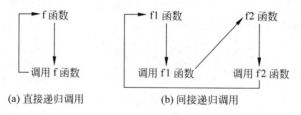

图 5.4　函数递归调用示意图

问题 5.7　用递归调用编写计算阶乘 n! 的函数 fact()。

分析：求阶乘的递归公式：

$$n!=\begin{cases}1 & (n=1)\\ n(n-1)! & (n>1)\end{cases}$$

【程序代码】

```c
#include "stdio.h"
#include"conio.h"
long fact(int n)
{
    long rst;
    if(n<0) printf("n<0, data error!\n");
    else
        if(n==0||n==1) rst=1;
        else
            rst=n*fact(n-1);      /*递归调用*/
    return rst;
```

```
}
void main()
{
    int n;
    long result;
    printf("Please input an integer number(n):");
    scanf("%d", &n);
    result=fact(n);
    printf("%d!=%ld\n", n, result);
    getch();            /*在需要暂停的位置暂停一下,当按一下任意键它又会继续往下执行!*/
}
```

【说明】

计算 n! 可以有两种方法,第一种方法是递推方法,即从 1 开始,乘 2,再乘 3,一直乘到 n。递推法的特点是从一个已知的事实出发,按一定规律推出下一个事实,再从这个新的已知的事实出发,向下推出一个新的事实……

第二种方法是递归方法,根据阶乘的计算公式:n! =n(n−1)!,为了计算 n!,需要调用计算阶乘的函数 fact(n),它又要计算(n−1)!,此时又需要再调用 fact(n−1),以此类推,于是形成递归调用。这个调用过程一直继续到计算 1! 为止。

下面以求 5! 为例,来分析本程序的递归调用和返回的过程,其过程如图 5.5 所示。

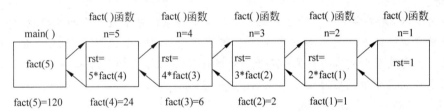

图 5.5 fact(5)的递归调用过程

问题 5.8 用递归方法编写一个程序,求两个正整数的最大公因数。

【程序代码】

```
#include "stdio.h"
int gcd(int x, int y)
{
    if(y<=x && x%y==0)
        return y;
    else if(y>x)
        return gcd(y, x);
    else
        return gcd(y, x%y);
}
void main()
{
    int a, b;
    printf("Please input two integers:");
    scanf("%d%d", &a, &b);
```

```
        printf("The gcd is %d\n", gcd(a, b));
}
```

【说明】

两个正整数的最大公因数的定义为：

$$gcd(x, y)=\begin{cases} y & y<=x \text{ 且 } x\%y=0 \\ gcd(y, x) & y>x \\ gcd(y, x\%y) & \text{其他} \end{cases}$$

有 5 个人坐在一起，问第 5 个人多少岁，他说比第 4 个人大 2 岁；问第 4 个人多少岁，他说比第 3 个人大 2 岁。问第 3 个人多少岁，他说比第 2 个人大 2 岁；问第 2 个人多少岁，他说比第 1 个人大 2 岁。问第 1 个人多少岁，他说是 10 岁。请用递归函数求出第 5 个人多少岁。

任务 5.3　用函数实现学生成绩管理系统

 任务分析

使用函数，完善学生成绩管理系统。本任务中将系统分解成 6 个功能模块，每个模块用函数来实现。函数 1 实现多名学生 3 门课程成绩的输入；函数 2 实现学生成绩的输出；函数 3 实现学生成绩的查询；函数 4 实现计算每位学生的总分和平均分；函数 5 实现按照总分由高到低的顺序输出学生的成绩；主函数总负责调用这些函数。要实现以上功能，必须了解函数参数的特点。

5.3.1　使用函数完善学生成绩管理系统

使用函数，完善学生成绩管理系统。由于学生的成绩信息存放在二维数组中，所以采用数组名作为函数的参数。在本系统设计 5 个函数。解决方法可参考如下程序。

```c
#include"stdio.h"
#include"string.h"
#include"stdlib.h"
#define N 5                                      /*定义符号常量 N*/

/*定义输入函数 input*/
void input(double score[N][3], char name[N][10])
{
int i, j;
for(i=0; i<N; i++)
{
    printf("第 %d 个同学的姓名及 3 门课成绩:\n", i+1);
    scanf("%s", name[i]);                        /*输入学生姓名*/
    for(j=0; j<3; j++)                           /*输入 3 门功课成绩*/
```

```
            scanf("%lf", &score[i][j]);
        }
}
/*定义输出函数 output() */
void output(double score[N][3], char name[N][10])
{
    int i, j;
    printf("序号\t 姓名\t 课程 1\t 课程 2\t 课程 3\t\n");
    for(i=0; i<N; i++)
    {
        printf("%d:\t", i+1);
        printf("%s\t", name[i]);
        for(j=0; j<3; j++)
            printf("%.0f\t", score[i][j]);
        printf("\n");
    }
}
/*定义查询学生成绩 search */
void search(double score[N][3], char name[N][10])
{
    char find[10];
    int i, j;
    printf("请输入要查询学生的姓名:\n");
    scanf("%s", find);
    for(i=0; i<N; i++)
        if(strcmp(find, name[i])==0)
        {
            printf("序号\t 姓名\t 课程 1\t 课程 2\t 课程 3\t\n");
            printf("%d:\t", i+1);
            printf("%s\t", name[i]);
            for(j=0; j<3; j++)
                printf("%.0f\t", score[i][j]);
            printf("\n");
            break;
        }
    if(i>=N)
        printf("查无此人!\n");
}
/*定义计算每个同学的总分和平均分函数 sumavg() */
void sumavg(double score[N][3], double sum[], double avg[])
{
    int i, j;
    for(i=0; i<N; i++)
    {
        for(j=0; j<3; j++)
            sum[i]=sum[i]+score[i][j];
            avg[i]=sum[i]/3.0;
    }
}
```

```
/*定义排序函数px()*/
void px(double score[][3], double sum[], double avg[], char name[][10])
{
    int i, j;
    double t;
    char nn[10];
    for(i=0; i<N-1; i++)
        for(j=0; j<N-1-i; j++)
            if(sum[j]<sum[j+1])
            {
                t=sum[j]; sum[j]=sum[j+1]; sum[j+1]=t;              /*总成绩交换*/
                t=avg[j]; avg[j]=avg[j+1]; avg[j+1]=t;              /*平均分交换*/
                t=score[j][0]; score[j][0]=score[j+1][0]; score[j+1][0]=t;
                                                                   /*成绩1交换*/
                t=score[j][1]; score[j][1]=score[j+1][1]; score[j+1][1]=t;
                                                                   /*成绩2交换*/
                t=score[j][2]; score[j][2]=score[j+1][2]; score[j+1][2]=t;
                                                                   /*成绩3交换*/
                strcpy(nn, name[j]); strcpy(name[j], name[j+1]); strcpy(name[j+1], nn);
                                                                   /*姓名交换*/
            }
        printf("输出排序后5名同学3门课的成绩:\n");
        printf("序号\t姓名\t课程1\t课程2\t课程3\t总分\t平均分\n");
        for(i=0; i<N; i++)
        {
            printf("%d:\t", i+1);
            printf("%s\t", name[i]);
            for(j=0; j<3; j++)
                printf("%.0f\t", score[i][j]);
            printf("%.0f\t%.1f\t", sum[i], avg[i]);
            printf("\n");
        }
}
/*主函数*/
int main()
{
    int i, j;
    double score[N][3], t, sumr[N]={0}, avgr[N];
    char name[N][10], nn[10];
    int choice;
    while(true)
    {
        printf("**************************** \n");
        printf("学生成绩管理系统\n");
        printf("1.录入班级学生成绩\n");
        printf("2.输出班级学生成绩\n");
        printf("3.查询学生成绩\n");
        printf("4.计算总分和平均分\n");
        printf("5.输出学生成绩单(总分从高到低)\n");
        printf("6.退出\n");
```

```
        printf(" **************************** \n");
        printf("请输入所选择功能:\n");
        scanf("%d", &choice);
        switch(choice)
        {
        case 1:input(score, name);          /* 调用输入记录的函数 */
             break;
        case 2:output(score, name);         /* 调用输出记录的函数 */
             break;
        case 3:search(score, name);         /* 调用查询函数 */
             break;
        case 4:sumavg(score, sumr, avgr);   /* 调用计算总分和平均分的函数 */
             break;
        case 5:px(score, sumr, avgr, name); /* 调用排序函数 */
             break;
        case 6:exit(0);
        }
    }
    retun 0;
}
```

5.3.2　函数的值调用和引用调用

在调用函数时,大多数情况下,主调函数和被调函数之间需要数据传递(有参函数)。在定义有参函数时函数名后面括号中的变量名被称为形式参数,简称形参。在主调函数中调用一个函数时,此函数名后面括号中的参数称为实际参数,简称实参。

1. 值调用

值调用方法是把实参的值传递给形参,即调用函数向被调用函数传递的参数是变量本身的值。形参在调用前和调用后都是不存在的,只有函数被调用时形参才被分配相应的内存单元,调用结束立即释放。实参与形参即使是同名的变量,它们都占用不同的内存单元,互不影响,这时形参值的变化将不影响实参的值。

试一试

问题 5.9　用值调用函数实现两个数的交换。

【程序代码】

```c
# include "stdio. h"
void swap(int x, int y)
{
    int t;
    t=x; x=y; y=t;
    printf("%d\t%d\n", x, y);
}
void main()
{
```

```
int a, b;
printf("Please input two integer numbers(a, b):");
scanf("%d%d", &a, &b);
swap(a, b);
}
```

【说明】

运行时输入数字 45 和 78,则参数传递过程如下:

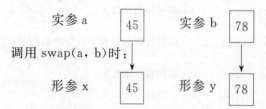

swap()函数运行后,上述两内存单元(x,y)的内容变化如下:

形参 x   78   形参 y   45

从上述结果看,被调用函数调用时,调用函数将实参 a、b 的值传给形参 x、y,使 x、y 获得了值,经该函数执行后,x、y 的值被交换,并在屏幕上输出交换的结果,但 swap()返回到主函数时,x、y 所占用的内存即被释放,变量 a、b 的值仍然为 45、78。

认真分析下列问题,如按下面修改程序,问题 5.9 的运行结果将会怎样?

(1) swap( ) 函数中的输出语句移到主函数的 swap( )后面。

(2) 在主函数的 swap( ) 后面添加一条语句:

```
printf("%d\t, %d\n", a, b);
```

注意:在 C 语言中,如果实参变量对形式参数的数据传递是"传值",则是单向传递,只能由实参传给形参,而不能由形参传给实参。

2. 引用调用

return 语句只能返回一个参数值,在许多情况下程序需要返回多个参数值,这时用 return 语句就不能满足要求。C 语言提供了另一种参数传递的方法,即引用调用,该方法是在调用时把实参的地址传递给形参,使用地址去访问实参,通常简称"传址"。此时主调函数向被调用函数传递的参数不是变量本身,而是变量的地址,当被调函数中向相应地址的单元写入不同的数值之后,也就改变了调用函数中相应变量(参数)的值,从而达到了返回多个变量值的目的,这种调用方式通常用数组名或指针作为函数参数(参考项目 6)。

传址方式的特点就是:由于实参(调用函数的数据)和形参(被调用函数的数据)在内存中都占用同一个存储单元,因此在被调用函数中对该存储空间的值作出某种变动后,必然会影响到使用该空间的调用函数中的实参变量的值,下一节介绍的数组名作为函数参数就是引用调用。

不论是值调用还是引用调用,在参数传递过程,实参的个数必须与形参的个数相同,并且类型一致或保持兼容,否则系统会给出出错信息。形参只能是简单变量、数组名或指针变量;而实参可以是常量、变量或表达式,但要求它有具体值。

5.3.3 函数的参数

1. 简单变量作为函数参数

当实参是简单变量时,就是简单变量作为函数参数的情况。前面所举实例均采用这种简单变量作为函数参数的方法。关于这种方式,这里不再赘述。

2. 数组元素作为函数参数

由于实参可以是表达式形式,表达式中可以包含数组元素,因此数组元素可以作为函数的实际参数,与用简单变量作为实参一样,是单向传递,即"传值"方式。

 试一试

问题 5.10　编写一个程序,输出给定的成绩数组中不及格(成绩低于60)的人数。

分析:设计一个函数 fun(x),当 x<60 时返回 1,否则返回 0。在 main() 函数中,扫描整个成绩数组 a,对每个数组元素调用 fun() 函数,并累加返回的数值。

【程序代码】

```
#include "stdio.h"
#define N 10
int fun(int x)
{
    return(x<60?1:0);
}
void main()
{
    int a[N], i, num=0;
    printf("Please input %d numbers:", N);
    for(i=0; i<N; i++)
    {
        scanf("%d", &a[i]);
        num+=fun(a[i]);
    }
    printf("The number of no pass is:%d\n", num);
}
```

3. 数组名作为函数参数

当数组名作为形参时,其实参也应用数组名(或指针变量,参见项目6),且实参数组必须与形参数组类型一致。当函数参数是数组时,传递的是数组的地址(首地址),而不是将整个数组元素都传递到函数中去,使得形参数组与实参数组共占同一段内存单元,这就是"传址"方式。

 试一试

问题 5.11 用选择法对数组中 5 个整数按由小到大排序。

【程序代码】

```
# include "stdio.h"
void sort(int arr[5])
{
    int i, j, k, t;
    for(i=0; i<5-1; i++)
    {
        k=i;
        for(j=i+1; j<5; j++)
            if(arr[j]<arr[k]) k=j;
        t=arr[k]; arr[k]=arr[i]; arr[i]=t;
    }
}
void main()
{
    int a[5], i;
    printf("Please input the array:\n");
    for(i=0; i<5; i++)
        scanf("%d", &a[i]);
    sort(a);                              /*调用排序函数*/
    printf("the sorted array:\n");
    for(i=0; i<5; i++)
        printf("%d ", a[i]);
    printf("\n");
}
```

【说明】

所谓选择法就是先将 5 个数中最小的数与 a[0]对换;再将 a[1]到 a[4]中最小的数与 a[1]对换……每比较一轮,找出一个未经排序的数中最小的一个,共比较 4 轮。其步骤如下。

```
a[0]   a[1]   a[2]   a[3]   a[4]
 3      6      1      9      4     求排序时的情况。
[1]     6      3      9      4     将 5 个数中最小的数与 a[0]对换。
       [3]     6      9      4     将余下的 4 个数中最小的数与 a[1]对换。
              [4]     9      6     将余下的 3 个数中最小的数与 a[2]对换。
                     [6]     9     将余下的 2 个数中最小的数与 a[3]对换,余下的最后一个肯定
                                   是最大值,至此排序完成。
```

在上述程序中,用数组名 a 作为函数实参,此时不是把数组 a 的值传递给形参 arr,而是把实参数组 a 的起始地址传给形参数组 arr,这样 a 和 arr 两个数组就共占同一段内存单元,如图 5.6 所示。

实参数组		形参数组
a[0]	3	arr[0]
a[1]	6	arr[1]
a[2]	1	arr[2]
a[3]	9	arr[3]
a[4]	4	arr[4]

图 5.6　形参数组和实参数组共占存储单元

由于形参和实参数组共占同一段内存单元,因此形参数组各元素的值如发生变化,就会使实参数组元素的值同时发生变化,相当于"双向传送"。

实参数组和形参数组大小可以一致,也可以不一致。C 语言编译系统对形参数组大小不作语法检查,只是将实参数组的首地址传递给形参数组。另外,形参数组也可以不指定大小,在定义数组时在数组后面跟一对空的方括号。如问题 5.9 中,sort( )函数可以定义为:

　　void sort(int arr[ ])

或

　　void sort(int arr[ ], int n)

不仅一维数组名可以作为函数参数,多维数组名也可作为函数参数,其参数传递都是"地址传递"。对于利用多维数组作为函数参数来说,在被调用函数中对形参数组定义时可以指定每一维的大小,也可以省略第一维的大小说明,且二者等价,但是不能把第二维以及其他高维的大小说明省略。

 试一试

问题 5.12　用函数实现数组元素的逆序。

分析:

原始 a 数组						经过 reverse( )函数处理的新 a 数组				
1	8	4	7	9		9	7	4	8	1

【程序代码】

```
#include"stdio.h"
/* 数组逆置函数 */
void reverse(int b[ ],int n)
{
    int i,t;
```

```
        for(i=0;i<n/2;i++)
        {   /* 把形参数组中的 b[i]和 b[4-i]交换 */
            t=b[i];
            b[i]=b[4-i];
            b[4-i]=t;
        }
    }
    void main()
    {
        int a[5]={1,8,4,7,9};
        int i;
        printf("\noriginal data is:\n");
        for(i=0;i<5;i++)          /* 显示原始数据 */
            printf("%d ",a[i]);
        reverse(a,5);             /* 调用函数逆置数组 */
        printf("\nnew data is:\n");
        for(i=0;i<5;i++)          /* 显示新数据 */
            printf("%d ",a[i]);
    }
```

任务5.4　任 务 拓 展

5.4.1　变量的作用域

　　形参变量只在被调用期间才分配内存单元,调用结束就立即释放内存。这一点表明形参变量只有在函数内部才是有效的,离开该函数就不能再使用了。这种变量有效性的范围称为变量的作用域。不仅对于形参变量,C 语言中所有的变量都有自己的作用域。变量说明的方式不同,其作用域也不同。C 语言中的变量,按作用域范围可分为两种,即局部变量和全局变量。

1. 局部变量

　　局部变量也称为内部变量,局部变量定义在函数的内部。其作用域仅限于函数内,离开该函数后,该变量的作用便消失,无法使用该变量。

```
int f1(int a)              /* 函数 f1() */
{
  int b, c;                /* a,b,c 的有效范围在函数 f1()的内部 */
  ...
}
int f2(int x)              /* 函数 f2() */
{
  int y, z;                /* x,y,z 有效范围在 f2()内部 */
  ...
}
main()
```

```
{
    int m, n;                        /*m,n有效范围在main()内部*/
    ...
}
```

在函数 f1() 内定义了三个变量，a 为形参，b、c 为一般变量。在 f1() 的范围内 a、b、c 有效，或者说 a、b、c 变量的作用域仅限于 f1() 内。同理，x、y、z 的作用域仅限于 f2() 内。m、n 的作用域仅限于 main 函数内。

【说明】

(1) 主函数中定义的变量也只能在主函数中使用，不能在其他函数中使用。同时，主函数中也不能使用其他函数中定义的变量。因为主函数也是一个函数，它与其他函数是平行关系。

(2) 形参变量是属于被调函数的局部变量。

(3) 允许在不同的函数中使用相同的变量名，它们代表不同的变量，分配不同的单元，互不干扰，也不会发生混淆。

(4) 在复合语句中也可定义变量，其作用域只在复合语句范围内有效。

例如：

```
if(a>b)
    {
    int x, y;                        /*x,y的作用范围开始*/
    ...;
    }                                /*x,y的作用范围结束*/
```

 试一试

问题 5.13　分析下面程序的运行结果。

【程序代码】

```
#include"stdio.h"
void f()
{
    int k=5;
    printf("f:k=%d\n", k);
}
main()
{
    int i, k;
    k=3;
    f();
    for(i=1; i<3; i++)
    {
        int k=8+i;
        printf("main->for:k=%d\n", k);
    }
    printf("main:k=%d\n", k);
}
```

【说明】

main()中定义的 k 的作用范围和 main()函数的 for 语句中定义的变量 k 的作用范围发生了冲突,这时,作用范围小的变量作用范围不变,作用范围大的变量作用范围减小,使作用域不发生冲突。

2. 全局变量

全局变量也称为外部变量,它是在函数外部定义的变量。它不属于哪一个函数,它属于一个源程序文件。其作用域是从定义变量的位置开始到当前源文件结束。

```
int a, b;                    /* 外部变量作用范围是从这里开始到文件结束 */
void f1()                    /* 函数 f1() */
{
    ...
}
float x, y;                  /* 外部变量作用范围是从这里开始到文件结束 */
int f2()                     /* 函数 f2() */
{
    ...
}
main()                       /* 主函数 */
{
    ...
}
```

从上例可以看出 a、b、x、y 都是在函数外部定义的外部变量,都是全局变量。但 x、y 定义在函数 f1()之后,而在 f1()内又没有对 x、y 的说明,所以它们在 f1()内无效。a、b 定义在源程序最前面,因此在 f1()、f2()及 main()内不加说明也可使用。

5.4.2　编译预处理

为了提高程序的可移植性和编译的灵活性,C 语言提供编译预处理命令,这也是 C 语言与其他高级语言的一个重要区别。预处理命令是 C 语言编译系统的一个重要组成部分。由于 C 语言允许在程序中使用某些特殊的命令,所以在编译之前需要首先对程序中这些特殊的命令进行预处理,然后将预处理的结果和源程序一起进行编译处理,得到最终的目标程序。

C 语言提供的预处理功能主要有以下 3 种:宏定义、文件包含和条件编译。

编译预处理命令不属于 C 语句的范畴。为表示区别,所有的编译预处理命令均以"#"符号开头,各占用一个单独的书写行,末尾不用分号作为结束符。如果一行书写不下,可用反斜线(\)和回车键结束,然后在下一行继续书写。它们可以出现在程序的任何位置,作用域是自出现的地方开始到源程序的末尾。

1. 宏定义

宏定义是指用一个指定的宏名(标识符)来代表一个字符串。在对源文件进行预处理时,用宏定义的字符串来代替每次出现的宏名。另外,宏名不仅可以代表字符串,还可以接收参数以扩展宏的使用。因此,宏可分为不带参数的宏和带参数的宏两种。

（1）不带参数的宏定义

用一个指定的标识符（即宏名）来代表一个字符串,其定义的一般形式为:

#define 标识符 字符串

其中,标识符是用户定义的,遵循 C 语言标识符的命名规则,要求它与后面的字符串之间用空格符分隔;字符串不能用双引号界定。

注意:宏定义不是语句,不能在末尾添加分号";"。例如:

```
# define NUM 50
# define TRUE 1
# define FALSE 0
# define NL printf("\n")
# define LEN 100 ; /＊因添加";"而出错,则 LEN 代表"100;"这个字符串 ＊/
```

 试一试

问题 5.14　定义不带参数的宏。

【程序代码】

```
# include "stdio. h"
# define PI 3.14159                        /＊定义无参数宏 PI＊/
# define PR printf                         /＊定义无参数宏 PR＊/
void main()
{
        float s, r;
        PR("Please Input Radius:");        /＊使用宏＊/
        scanf("%f", &r);
        s=PI * r * r;                      /＊使用宏＊/
        PR("r=%.2f, s=%.2f\n", r, s);      /＊使用宏＊/
}
```

经过预编译处理后的程序变为:

```
void main()
{
    float s, r;
    printf("Please Input Radius: ");
    scanf("%f", &r);
    s=3.14159 * r * r;
    printf("r=%.2f, s=%.2f\n", r, s);
}
```

【说明】

在预编译处理时将宏名替换成字符串的过程称为宏展开,或称宏替换。本题中宏PR用"printf"字符串代替,PI由"3.14159"字符串代替。

① 习惯上,宏定义名一般用大写,以区别一般关键字和其他变量。

② 宏定义不是 C 语句,不能在最后加上分号作为结束符。如果加了分号,则在预编译处理时连分号一起进行替换。例如:

```
# define PI 3.14159;
s＝PI * r * r;
```

经过预处理展开后,语句变为:

```
s＝3.14159; * r * r;
```

显然是错误的。

③ 宏名的有效范围是从定义开始到本源文件结束。如果想在源文件结束前终止宏定义的作用域,可以用 ♯ undef 命令。例如:

```
# define W 9.8
void main( )
{
       …
}
# undef W
```

W 的有效范围

④ 使用宏名代替一个字符串,可以减少程序中重复书写某些字符串的工作量,也可以提高程序的可读性和可维护性。如在问题 5.14 中,如果要提高 PI 的精确度,将 PI 定义成 3.1415926 时,只需将宏定义中 PI 的值修改一下,程序中其他地方的 PI 值将自动同时修改。

⑤ 若在字符串中出现与宏名相同的字符串,系统不认为是宏名,预处理时也不作宏展开。例如:

```
# define PI 3.14159
…
printf("PI＝%f", PI);                        / * "PI＝%f"中的 PI 不是宏名  * /
```

输出结果是:

```
PI＝3.14159
```

⑥ 在进行宏定义时,可以引用已定义过的宏名,在宏展开时可以层层替换。例如:

```
# define PI 3.14159
# define R 12
# define S PI * R * R
printf("S＝%.2f", S);
```

输出结果是:

```
S＝452.39
```

(2) 带参数的宏定义

带参数的宏定义除了进行必要的字符串替换外,还可以进行参数的替换。

带参数的宏定义的一般形式是：

#define 标识符(参数表) 字符串

其中,参数表中可以是一个或多个参数;字符串应有参数表中的参数。例如,定义矩形面积的宏 S、a 和 b 是边长：

```
#define S(a, b) a * b        /* p定义带参数的宏 */
area＝S(3, 2);               /* 参数 a 的值为 3,b 的值为 2 */
```

上式展开为：

```
area＝3 * 2;
```

 试一试

问题 5.15 定义带参数的宏。

【程序代码】

```
#include "stdio.h"
#define PI 3.14159          /* 定义无参数的宏 PI */
#define S(r) PI * r * r      /* 用带参数的宏 S(r)表示圆的面积公式 */
void main( )
{
    float a, area;
    a＝3.6;
    area＝S(a);
    printf("r＝%f\narea＝%f\n", a, area);
}
```

【说明】

运行结果为：

```
r=3.600000
area=40.715038
```

对于带参数的宏的说明。

① 对于带参数的宏的展开,只是将语句中的宏名后面括号中的实参字符串代替#define命令行中的形参。在问题 5.15 中的 S(a)展开时,预处理时将第 2 行中的形参 r 用实参 a 的值代替,得到的实际展开式为 area＝3.14159 * a * a,然后在程序编译运行时使用 a 的实际值。预处理过程实质上只是将宏展开,具体的计算要在程序运行时才进行。

② 为了使宏定义更有通用性且不易出错,一般将参数用括号括起来。例如,问题 5.15 中的宏定义 S 的实参不是一个简单的变量,而是一个表达式如 a+b 时,则宏在语句中的形式如下：

```
area＝S(a＋b);
```

根据宏展开的原则,只是用 a＋b 代替宏变量 r,得到：

area＝PI＊a＋b＊a＋b;

从展开式可以看出,它不可能代表圆的面积。原因在于宏定义时参数是没有加括号的,如果在宏定义时添加括号,则宏的定义如下:

＃define S(r) PI＊(r)＊(r)
area＝S(a＋b);

宏展开后的式子如下:

area＝PI＊(a＋b)＊(a＋b);

从展开的式子可以看出,它仍然符合圆的面积公式。

③ 不能把有参数宏与函数相混淆。宏只是字符序列的替换,没有值的传送,且宏名、参数都没有数据类型的概念;函数要比宏复杂,有数据类型、参数传递等概念。

 试一试

问题 5.16 分析下面程序的功能。
【程序代码】

```
＃include "stdio.h"
＃define MAX(a, b) ((a)＞(b))?(a):(b)
void main()
{
    int x, y, max;
    printf("Input two numbers:");
    scanf("%d%d", &x, &y);
    max＝MAX(x, y);
    printf("max＝%d\n", max);
}
```

【说明】
本程序的第1行中定义了带参数的宏 MAX(a,b),同使用函数相比,宏代码更简洁。

 练一练

(1) 运用宏计算矩形的面积和周长。
(2) 运用宏计算球的表面积。

2. 文件包含

文件包含是指在一个文件中使用＃include预处理命令将另一个文件的全部内容包含进来,而不是直接将源程序重新写入程序中。文件包含命令的一般形式为:

＃include "文件名"

或

＃include ＜文件名＞

上述两种文件包含形式的区别如下。

(1) 使用尖括号(< >)：直接到存放 C 库函数头文件所在的目录去查找被包含文件，这称为标准方式。

(2) 使用双引号("")：系统首先到当前目录下查找被包含文件，如果没找到，再到系统存放 C 库函数头文件所在的目录中查找。

一般来说，如果为调用库函数而用♯include 命令来包含相关头文件，则用尖括号，以节省查找时间。如果要包含的是用户自己编写的文件，则用("")，若文件不在当前目录中，双引号内可给出文件路径。

前面已多次用到此命令包含库函数的头文件。例如：

```
♯include <stdio.h>
♯include <math.h>
```

文件包含命令是很有用的，可以避免开发人员的重复劳动，且对于一些标准常数和函数，可以一次定义后被其他人多次使用。C 语言的库函数是一些常用的函数，设计好库函数后，可以由开发人员随时调用，只要在源文件中加入库文件包含命令♯include 即可。

【说明】

(1) 一个♯include 命令只能指定一个被包含文件。如果要包含多个文件，则需要用多个♯include 命令。编译预处理时，预处理程序将查找指定的被包含文件，并将其复制到♯include 命令出现的位置上。

(2) 文件包含可以嵌套，即被包含文件中又包含另一个文件。例如，在 file1.c 中包含 file2.c，在 file2.c 中包含 file3.c。在 file1.c 中，这种包含关系可以表示如下：

```
♯include "file3.c"
♯include "file2.c"
```

由于 file2.c 包含 file3.c，所以需要将包含 file3.c 的预处理命令放在包含 file2.c 的预处理命令前。

通过上面的文件包含，file1.c 和 file2.c 都可以用 file3.c 中的内容。在 file2.c 中不必再用♯include "file3.c"。

(3) 常用在文件头部的被包含文件，称为"头文件"，以.h 作为扩展名。在头文件中，除可包含宏定义外，还可包含外部变量定义、结构类型定义等。

文件包含的优点表现在：对于一个大程序，通常分为多个模块，并由多个程序员分别编程。有了文件包含处理功能，就可以将多个模块共用的数据（如符号常量和数据结构）或函数，集中到一个单独的文件中。这样，凡是要使用其中数据或调用其中函数的程序员，只要使用文件包含处理功能，将所需文件包含进来即可，不必重复定义它们，从而避免重复劳动。

5.4.3 程序举例

在前面任务中介绍了无参函数、有参函数的定义及调用、函数的嵌套和递归调用、函数参数的传递等知识，下面通过例子再巩固一下。

问题 5.17　写一个判断素数的函数,在主函数中输入一个整数,输出该数是否为素数的信息。

分析:本例中定义 prime()函数是有参数的函数,实参就是需要判断的数,将其在调用 prime()函数时传递给变量 number,实现实参和形参的值传递。函数的返回值作为 if 语句的条件。函数的返回值是用定义的 flag 变量来表示的,如果 flag 为 1,则传进来的是素数;如果是 0,则传进来的不是素数。

【程序代码】

```c
#include "stdio.h"
/* 此函数用于识别素数返回值.如果是 1,则传进来的是素数;如果是 0,则传进来的不是素数 */
int prime(int number)
{
    int flag=1, n;        /* flag 作为标识变量 */
    for(n=2; n<number/2&&flag==1; n++)
        if(number%n==0)
            flag=0;
    return flag;
}
/* 主函数 */
void main()
{
    int number;
    printf("请输入一个正整数:\n");
    scanf("%d", &number);
    if(prime(number))
        printf("\n%d 是素数.", number);
    else
        printf("\n%d 不是素数.", number);
}
```

问题 5.18　Hanoi(汉诺塔)问题。古代有座梵塔,塔内有 3 个座 A、B、C,开始时 A 座上有 64 个盘子,盘子大小不等,大的在下,小的在上。有个老和尚想把这 64 个盘子从 A 座移到 C 座,但每次只允许移动一个盘子,且在移动过程中 3 个座上始终保持大盘在下,小盘在上。移动过程中可以利用 B 座。

分析:要将 n 个盘子由 A 处移动到 C 处,首先请人将 n−1 个盘子由 A 处移动到 B 处,再亲自将剩在 A 处的一个盘子移到 C 处。再请人将 n−1 个盘子由 B 处移到 C 处,以此类推,直到最后只剩下一个盘子为止。

【程序代码】

```c
#include "stdio.h"
/* 汉诺塔的递归程序一 */
void Hanoi(int n, char A, char B, char C)
{
    if(n>0)
    {
        Hanoi(n-1, A, C, B);
        printf("%c--->%c\n", A, C);
```

```
        Hanoi(n-1, B, A, C);
    }
}
int main()
{
    char x='A', y='B', z='C';
    Hanoi(4, x, y, z);
    return 1;
}
```

5.4.4 自己动手

（1）写出下面程序的运行结果。

```
#include "stdio.h"
int fun(int x, int y)
{
    return x+y;
}
void main()
{
    int a=2, b=3, c=8;
    int x, y;
    x=fun(a+c, b);
    y=fun(x, a-c);
    printf("%5d\n", y);
}
```

（2）写出下面程序的运行结果。

```
#include "stdio.h"
int fun(int x, int y, int a)
{
    a=x+y;
    return a;
}
void main()
{
    int a=31;
    fun(5, 2, a);
    printf("%d\n", a);
}
```

习 题 5

1. 选择题

（1）C语言中，若对函数类型未加显式说明，则函数隐含类型为（   ）。

A. void　　　　　B. int　　　　　C. float　　　　　D. char

(2) C语言可执行程序从( )地方开始执行。

　　A. 程序中第一条可执行语句　　　　B. 程序中的第一个函数

　　C. 程序中的 main()函数　　　　D. 包含文件中的第一个函数

(3) 有一个函数原型如下：

　　test(float x, float y);

　　则该函数的返回类型为( )。

　　A. void　　　　　B. double　　　　C. int　　　　　D. float

(4) 下述函数定义形式正确的是( )。

　　A. int f(int x; int y)　　　　B. int f(int x, y)

　　C. int f(int x, int y)　　　　D. int f(x, y:int)

(5) 用数组名作为函数的实参时,传递给形参的是( )。

　　A. 数组的首地址　　　　　B. 数组的第 1 个元素

　　C. 数组中的全部元素　　　　D. 数组的元素个数

(6) 复合语句中定义的变量的作用范围是( )。

　　A. 整个源文件　　　　　B. 整个函数

　　C. 整个程序　　　　　D. 所定义的复合语句

(7) 以下有关宏替换叙述中,错误的是( )。

　　A. 宏替换不占用运行时间　　　　B. 宏名无类型

　　C. 宏替换只是字符替换　　　　D. 宏名必须用大写字母表示

(8) 从下列选项中选择不会引起二义性的宏定义是( )。

　　A. #define POWER(x) x＊x　　　　B. #define POWER(x) (x)＊(x)

　　C. #define POWER(x) (x＊x)　　　　D. #define POWER(x) ((x)＊(x))

2. 填空题

(1) C语言程序中的一个函数由两部分组成,即_____和_____。

(2) 为了保证被调用函数不返回任何值,其函数定义的类型应为_____。

(3) 预处理命令 #include 的作用是_____。

(4) 运行以下程序,输入 100, 其输出结果是_____。

```
#include "stdio.h"
void func(int n)
{
    int i;
    for(i=n-1; i>=1; i--)
        n=n+i;
    printf("n=%d\n", n);
}
void main()
{
    int n;
```

```
        printf("输入 n: ");
        scanf("%d", &n);
        func(n);
        printf("n=%d\n", n);
}
```

3. 查错题：下列函数有哪些错误？请解释错误原因

N 个有序整数数列已放在一维数组中，下列给定程序中，函数 fun() 的功能是利用折半查找算法找整数 m 在数组中的位置。若找到，则返回其下标值；反之，则返回-1。

折半查找的基本算法：每次查找前先确定数组中待查的范围 low 和 high(low<high)，然后把 m 与中间位置(mid)中元素的值进行比较。如果 m 的值大于中间元素中的值，则下一次的查找范围放在中间位置之后的元素中；反之，下一次查找范围落在中间位置之前的元素中。直到 low>high，查找结束。

```
#include "stdio.h"
#define N 10
int fun(int a[], int m)
{
    int low=0, high=N-1, mid;
    while(low<=high)
    {
        mid=(low+high)/2;
            if(m<a[mid])
                high=mid-1;
            else if(m>a[mid])
                low=mid+1;
            else return(mid);
    }
    return -1;
}
```

4. 编程题

(1) 编写一个函数，实现输入一行字符，将此字符串中最长的单词输出。

(2) 编写一函数，求一个整数的所有因子，并打印出来。如 56=2*2*2*7。

(3) 编写一函数转置 4×4 整数矩阵，在主函数中输入矩阵，调用函数转置，然后输出。

(4) 用递归法将一个任意整数 m 转换为字符串。例如，输入 7758，应输出字符串"7758"。

(5) 定义一个宏，用于判断任意一年是否是闰年。

(6) 编写一函数，从实参传过来一个字符串，返回字符的个数(不用 strlen)。

项目 6

用指针优化学生成绩管理系统

 项目要点

- 指针的概念、指针变量的定义、初始化和引用
- 指向变量的指针变量
- 指向数组的指针变量
- 指针变量作为函数参数

 学习目标

- 熟悉各种指针变量的使用场景
- 掌握指针变量作为函数参数的应用
- 熟练地运用指针实现数组的输入和输出

 工作任务

改进学生成绩管理系统,用指针来实现学生管理系统中的主要功能模块:①录入和输出班级 M 名学生 N 门课程的成绩;②统计班级学生的总分和平均分;③输出班级学生的成绩单。学生的信息包括学号、N 门课程的成绩、总分和平均分。其他各功能由学生自主完成。程序运行结果如图 6.1 所示。

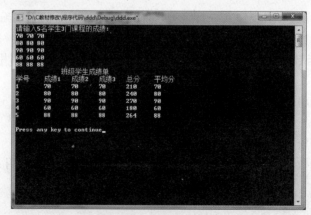

图 6.1　程序运行结果

引导问题

(1) 指针是什么？如何定义和引用？

(2) 如何用指针实现数组的输入和输出？

(3) 如何在函数中用指针实现班级成绩单的输出？

任务6.1　了　解　指　针

任务分析

阅读以下内容，熟悉指针的概念，掌握指针变量的定义和引用以及指针作为函数参数的用法。

6.1.1　地址和指针的概念

计算机内存是以字节为单位的存储空间，内存的每一个字节都有一个唯一的编号，这个编号就称为地址。

当 C 语言程序中定义一个变量时，系统就分配一个带有唯一地址的存储单元来存储这个变量。例如，若有下面的变量定义：

```
char a='A';
int b=66;
float c=6.7;
```

系统分配一个字节给变量 a，两个字节给变量 b，四个字节给变量 c，变量所占存储单元的第一个字节的地址就是该变量的地址。假设系统为变量分配的存储单元及地址，如图 6.2(a) 所示。变量 a 的地址是 1010，变量 b 的地址是 1011，变量 c 的地址是 1013，对变量值的存取是通过地址进行的。

例如，"b=66;"的执行过程是：先找到变量 b 的地址 1011，再往由 1011 开始的 2 个字节中存入 66，如图 6.2(b) 所示。这种按变量地址存取变量值的方式称为"直接访问"方式。

在 C 语言程序中，还有另一种"间接访问"方式。将一个变量的地址存放在另一个内存单元(即变量)中，然后通过存放地址的变量来引用变量，这种存放地址的变量是一种特殊的变量，称它为指针变量。设定义一个变量 p，该变量被存放在 2000 开始的 2 个字节单元中，如图 6.3(a)所示。而变量 b 的地址存放在变量 p 中，要存取变量 b，首先找到存放"b 地址"的存储单元首地址 2000，从 2000 地址开始的 2 个字节中取出 b 的地址 1011，然后，再到 1011 首地址的存取单元中取出 b 变量的值，如图 6.3(b)所示。

即地址 p"指向"变量 b，简称 p 指向 b，p 称为指针变量，一般指针变量也简称指针。所谓"指向"就是通过地址来实现，使得指针变量与普通变量之间建立一种联系。

指针也有类型。指针的类型就是指针所指向的数据的类型。指针的类型限定指针的

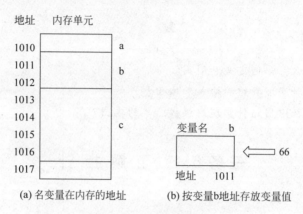

(a) 名变量在内存的地址   (b) 按变量b地址存放变量值

图 6.2   直接访问方式

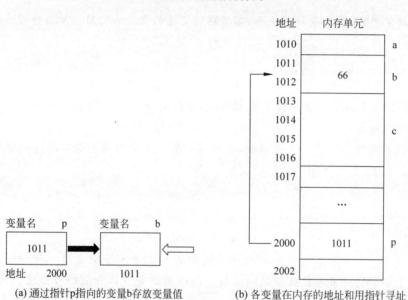

(a) 通过指针p指向的变量b存放变量值   (b) 各变量在内存的地址和用指针寻址

图 6.3   间接访问方式

用途,例如一个 double 型指针只能用于指向 double 型数据。不限定类型的指针为无类型的指针或者说是 void 指针,可用于指向任何类型的数据。

6.1.2   指向变量的指针变量

1. 指针变量的定义

用来存放数据地址的变量叫指针变量。指针变量和其他类型的变量一样,也必须先定义后使用。

定义格式为

数据类型 ＊ 变量名［＝地址表达式］;

"数据类型"表示该指针可以指向何种类型的数据,指针本身则是整型。"＊"是一个说明符,表示定义指针变量。例如:

```
int x, * pointer1;
pointer1＝&x
```

则 pointer1 表示 x 的内存地址。

 练一练

定义单精度浮点型变量 a、指针变量 p。

2. 指针变量的引用

（1）与指针有关的两个运算符 & 和 *

① 取地址运算符 &。

取地址运算符，即取其操作数的内存地址。

一目运算符，优先级和结合性与＋＋、－－相同。

一般形式：

& 变量名　或　& 数组元素名

例如：

&x　　　运算结果是 x 的地址
&a[1]　　运算结果是数组元素 a[1] 的地址

【例 6.1】 定义 int x，* y＝&x；x 的地址是 3000，x 的值是 10，y＝3000。

思考：若 x 的值是 100，y 的值是多少？

② 运算符 *。

（间接）访问地址运算符，又称为指针运算符，取其变量的值。

一目运算符，优先级和结合性与＋＋、－－相同。

一般形式：

* 变量名

例如：

* p , * q

（2）指针指向对象（要访问的数据）的方法

① 指针初始化。

【例 6.2】

```
int a, * p＝&a;                /* 指针 p 指向整型变量 a */
float x, y, * p1＝&x, * p2＝&y; /* 指针 p1 和 p2 分别指向实型变量 x、y */
int b[10], * q＝b;             /* 指针 q 指向整型数组 b */
```

② 用赋值语句给指针赋值。

【例 6.3】

```
int a, b[10], * p, * q;
```

```
p=&a;
q=b;
```

注意：赋值语句中的指针前面不带"*"号。

③ 使用指针应注意的问题。

a. 作为指针要访问的数据一定要在相应的指针之前定义。例如：

```
char * p=&c;
char c;
```

是错误的，因为编译 char * p=&c 时，变量 c 还未分配存储单元。

b. 指针必须存放地址量。例如：

```
int a, * p;
p=a;
```

是错误的，因为 a 不是地址量。

c. 未指向数据的指针不能引用。例如：

```
int * p;
* p=5;
```

是错误的，因为指针 p 未指向某个数据，其值未定。

（3）指针变量的算术运算

含义：对于地址的运算，只能进行整型数据的加、减运算。

规则：指针变量 p±n 表示将指针指向的当前位置向前或向后移动 n 个存储单元。指针变量的算术运算结果是改变指针的方向。

指针变量算术运算的过程：

```
p=p+n; p=p-n;
```

 试一试

问题 6.1 用 & 和 * 运算符编写程序，说明指针变量的使用。

【程序代码】

```
#include"stdio.h"
void main()
{
    int x=10, a, * p;
    long y=100000, b, * q;
    p=&x;
    a= * p;
    q=&y;
    b= * q;
    printf("a=%d\n", a);
    printf("b=%ld\n", b);
    printf("&x=%x, %x\n", &x, p);
```

```
    printf("&y=%x, %x\n", &y, q);
}
```

【说明】

(1) int ＊p；定义了一个指针变量 p，其中 p 是变量名，"＊"表示 p 是指针变量，是区别一般简单变量的符号。

(2) 指针变量定义时所存放的地址是随机的。与其他变量一样，指针变量也可以在定义时进行初始化，还可用赋值语句赋值。例如，还可将以下语句：

```
int x=10, a, ＊p;
long y=100000, b, ＊q;
p=&x;
q=&y;
```

改写为：

```
int x=10, a, ＊p=&x;
long y=100000, b, ＊q=&y;
```

(3) 语句 printf("&x=%x, %x\n", &x, p)；表示输出变量 x 的地址值，指针 p 的值。

(4) 本题中通过"&"和"＊"两个运算符，使 a 间接得到 x 的值，使 b 间接得到 y 的值。

运行结果：

```
a=10
b=100000
&x=12ff7c, 12ff7c
&y=12ff70, 12ff70
```

问题 6.2 利用指针变量访问变量 x 和 y。

【程序代码】

```
#include"stdio.h"
void main()
{
    int x=100, ＊px;
    float y=56, ＊py;
    px=&x;
    py=&y;
    printf("%d %f\n", x, y);          /＊直接访问＊/
    printf("%d %f\n", ＊px, ＊py);     /＊间接访问＊/
}
```

【说明】

第一个 printf() 的执行是根据变量 x 和 y 与地址对应关系，直接将其值输出；第二个 printf() 的执行是根据 px 和 py 内存放的地址值，找到变量 x 和 y 内存放的数据，然后将其输出。

运行结果：

```
100 56.000000
```

100 56.000000

问题6.3　从键盘输入两个整数,按由大到小的顺序输出。

【程序代码】

```
#include"stdio.h"
void main()
{
    int * p1, * p2, a, b, t;          /* 定义整型指针变量与整型变量 */
    scanf("%d%d", &a, &b);
    p1 = &a;                          /* 使指针变量 p1 指向整型变量 a */
    p2 = &b;                          /* 使指针变量 p2 指向整型变量 b */
    if( * p1 < * p2)
    {                                 /* 交换指针变量所指向的变量之值 */
        t = * p1;
        * p1 = * p2;
        * p2 = t;
    }
    printf("%d, %d\n", a, b);
}
```

【说明】

在程序的运行过程中,指针变量与其所指变量之间的关系,如图6.4所示。

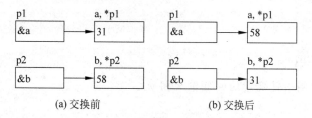

(a) 交换前　　　　　　　　(b) 交换后

图6.4　程序运行中指针与变量之间的关系

用指针指向三个整型变量,按由小到大的顺序输出。

6.1.3　指针变量作为函数参数

函数的参数不仅可以使用整型、实型、字符型等数据,也可以是指针类型。它的作用是将一个变量的地址传送到另一个函数中。

在学习函数的有关内容时,简单变量作为函数参数实行的参数传递方式是"值传递"。函数调用时,实参的值单向传递给形参变量,形参和实参分别占用不同的存储单元中。当函数调用完成后,形参变量所占内存单元被释放,结果是形参值的改变将不影响实参的值。

问题6.4　输入两个整数 a、b,将两个整数交换输出。

【程序代码】

方法一：

```
#include"stdio.h"
void swap(int x, int y)
{
    int t;
    t=x;
    x=y;
    y=t;
}
void main()
{
    int a, b;
    scanf("%d%d", &a, &b);
    swap(a, b);
    printf("%d, %d\n", a, b);
}
```

【说明】

该程序采用"值传递"方式,变量作为实参和形参,调用 swap()函数时,实参 a 和 b 的值 5、6 分别传递给形参 x 和 y,运行 swap()函数时将 x 和 y 的值交换,返回 main()函数,形参 x 和 y 所占的单元已被释放,并没有将值传递给实参变量,如图 6.5 所示。所以不能通过调用 swap( )函数将 a 和 b 两个整数交换。

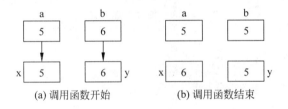

(a) 调用函数开始　　　　(b) 调用函数结束

图 6.5　值传递方式

将以上程序改为指针作为实参和形参。

方法二：

```
#include"stdio.h"
void swap(int * x, int * y)
{
    int t;
    t= * x;
    * x= * y;
    * y=t;
}
void main( )
{
    int a, b;
```

```
        scanf("%d%d", &a, &b);
        swap(&a, &b);
        printf("%d, %d\n", a, b);
}
```

输入：

5 6↙

输出：

6,5

【说明】

此时，a 和 b 的值已交换，因为实参是整型变量的地址，形参是指针变量，实际上是地址的传递。调用 swap( )函数时，将变量 a、b 的地址分别传递给指针变量 x、y，执行 swap( )函数时的语句"t=*x；*x=*y；*y=t；"，由于 *x 即为 a，*y 即为 b，实际上相当于执行了语句"t=a；a=b；b=t；"。通过指针变量 x、y 交换了所指变量 a、b 的值，如图 6.6 所示。

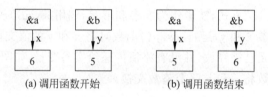

(a) 调用函数开始　　　　(b) 调用函数结束

图 6.6　地址传递方式

练一练

若 swap( )函数改为下面的程序：

```
swap(int * x, int * y)
{
        int * t;
        t=x;
        x=y;
        y=t;
}
```

能否通过改变指针形参的值而使指针实参的值也改变，请读者思考。

试一试

问题 6.5　用指针实现输入任意两个实数，输出其中最大的数。

【程序代码】

```
#include"stdio.h"
float max(float * p, float * q)
```

```
{
    float m;
    m= * p> * q? * p: * q;
    return m;
}
void main( )
{
    float a, b, * pa=&a, * pb=&b;
    scanf("%f%f", pa, pb);
    printf("MAX=%.2f\n", max(pa, pb));
}
```

【说明】

本题定义了指针 pa、pb,并使它们分别指向变量 a 和 b,然后用指针 pa 和 pb 作为实参,其结果与用变量的地址作为实参是相同的。

问题 6.6　用函数实现,统计大写字母和小写字母的个数。

分析：用指针实现函数中多个数据值的返回。

【程序代码】

```
#include"stdio.h"
void main()
{
    int countLetter(int * b, int * s);    /* 函数的声明 */
    int big, small;                        /* big 大写字母的个数,small 小写字母的个数 */
    int flag;
    flag=countLetter(&big, &small);        /* 调用函数计算大小写字母的个数 */
    if(flag)
    {
        printf("大写字母的个数=%d\n", big);
        printf("小写字母的个数=%d\n", small);
    }
}
int countLetter(int * b, int * s)          /* 指针作为函数的参数 */
{
    char c;
    * b= * s=0;
    printf("输入一行字母:\n");
    c=getchar();
    while(c!='\n')
    {
        if(c>='a'&&c<='z')                 /* 统计小写字母的个数 */
            ( * b)++;
        if(c>='A'&&c<='Z')                 /* 统计大写字母的个数 */
            ( * s)++;
        c=getchar();
    }
    return 1;
}
```

【说明】

在实际应用中,常常需要函数返回 2 个及以上的值,而 return 语句只能实现一个值的返回。如何实现呢?要利用指针变量作为函数的参数来实现。上例就是使用此法,函数返回了 2 个统计值。

(1) 编写函数 mul(int ＊p,int ＊q),功能是求解两个数的乘积。

(2) 编写 change()函数,将主函数中变量 x 和 y 的数值扩大 10 倍。

任务6.2　优化学生成绩的录入模块

 任务分析

用指针实现班级 M 名学生 N 门课程成绩的输入和输出。此处用二维数组保存 M 名学生 N 门课程的成绩。要解决这个问题,必须要懂得指向一维数组、二维数组元素的指针和一维数组、二维数组元素的指针访问方式。

6.2.1　使用指针输入和输出学生的成绩

可采用下标法、数组名访问法和指针变量访问法 3 种方法访问数组元素,输出 M 名学生的成绩。为简单起见,将学生人数定为 5 人,课程为 3 门。解决方法可参考如下程序。

方法一:

```
#include "stdio.h"
#define M 5                         /＊5名学生＊/
#define N 3                         /＊3门课程＊/
void main()
{
    int s[M][N];
    int (＊p)[N], i, j;
    p＝s;
    printf("请输入 5 名学生 3 门课程的成绩:\n");
    for(i＝0; i<M; i++)
    {
        for(j＝0; j<N; j++)
            scanf("%8d", (＊(p+i)+j));
    }
    printf(" ＊＊＊＊＊＊＊＊＊＊＊＊＊＊＊＊＊＊＊＊＊＊＊ \n");
    for(i＝0; i<M; i++)
    {
    for(j＝0; j<N; j++)
        printf("%8d", ＊(＊(p+i)+j));
    printf("\n");
```

```
        }
    }
```

方法二:

```c
#include "stdio.h"
#define M 5                              /* 5 名学生 */
#define N 3                              /* 3 门课程 */
void main()
{
    int s[M][N];
    int i, j;
    printf("请输入 5 名学生 3 门课程的成绩:\n");
    for(i=0; i<M; i++)
    {
        for(j=0; j<N; j++)
            scanf("%8d", (*(s+i)+j));
    }
    printf(" *********************** \n");
    for(i=0; i<M; i++)
    {
        for(j=0; j<N; j++)
            printf("%8d", *(*(s+i)+j));
        printf("\n");
    }
}
```

方法三:

```c
#include "stdio.h"
#define M 5                              /* 5 名学生 */
#define N 3                              /* 3 门课程 */
void main()
{
    int s[M][N];
    int i, j, row, col;
    row=5;
    col=3;
    printf("请输入 5 名学生 3 门课程的成绩:\n");
    for(i=0; i<row; i++)
    {
        for(j=0; j<col; j++)
            scanf("%8d", (&s[0][0]+i*col+j));
    }
    printf(" *********************** \n");
    for(i=0; i<row; i++)
    {
        for(j=0; j<col; j++)
            printf("%8d", *(&s[0][0]+i*col+j));
```

```
        printf("\n");
    }
}
```

6.2.2 指向数组元素的指针

  C语言中的指针和数组有着密切的关系。由于数组在内存中占用一片连续的存储单元,任何通过数组下标可以完成的操作,都可以通过指针来完成。而且使用指针速度更快,程序更紧凑。因此,如果定义一个指向数组的指针,将该指针指向数组的第一个元素,则通过改变指针的值,就可以存取数组的每一个元素。

  由于指针变量存放的是内存的地址,改变指向数组的指针变量的值,就可以指向不同的数组元素。指向数组的指针,可以进行下面的几种运算。

1. 指针与整数相加减(指针的移动)

  p++、++p、p+=1:向高地址移动,指向后一个元素。

  p−−、−−p、p−=1:向低地址移动,指向前一个元素。

  p+=n:向高地址移动,指向后 n 个元素。

  p−=n:向低地址移动,指向前 n 个元素。

2. 两个同类型指针相减

  两个同类型指针相减,相减的结果是两个指针之间的元素个数。

3. 同类型指针的比较

  同类型指针进行比较,比较的结果是两个指针所指数组元素之间的前后关系。

  例如,设指针 p 和 q 分别指向同一数组的元素 a[m] 和 a[n],那么,若有关系表达式 p>q,其值为 1,则表示 a[m] 的位置在 a[n] 之前。

 试一试

  问题 6.7 求指针 p、q 之间的元素个数。

  【程序代码】

```
#include"stdio.h"
void main()
{
    float a[10], * p, * q;
    p=&a[0];
    q=&a[5];
    printf("q−p=%d\n", q−p);
}
```

  【说明】

  将指针 p、q 相减,实际是将其对应的地址进行相减,得到的应该是指针 p、q 之间的元素个数。

程序运行结果：

q-p=5

6.2.3 一维数组的指针

数组的指针是指数组的首地址,数组元素的指针是指数组元素的地址。例如：int a[5], * p=a; 指针 p 与 a 数组的各元素之间存在如图 6.7 所示的对应关系。

由于 p 是指针变量,它指向 a[0]的地址,那么,a[1]的地址可用 p+1 表示。同样 p+i 是 a[i]的地址,也就是p+i 指向 a[i]。

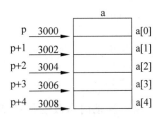

图 6.7 指针与一维数组的关系

注意：引用一个数组元素,可有以下两种方法。

1. 下标法

下标法可表示为 a[i]或 p[i]形式。

2. 指针法

用指针法可表示成 * (a+i)、* (p+i)或 * p 形式。

数组名 a 又可称为指针常量或地址常量,利用指针 p 访问数组的三种应用如下。

(1) 采用 * p++

```c
#include"stdio.h"
void main()
{
    int a[]={2, 4, 6, 8, 10}, * p=a;
    for(; p<a+5; )
        printf(" * p=%d\n", * p++);
}
```

(2) 采用 * (p+i)

```c
#include"stdio.h"
void main()
{
    int a[]={2, 4, 6, 8, 10}, * p=a, i;
    for(i=0; i<5; i++)
        printf(" * p=%d\n", * (p+i));
}
```

(3) 采用 p[i]

```c
#include"stdio.h"
void main()
```

```
{
    int a[]={2, 4, 6, 8, 10}, * p=a, i;
    for(i=0; i< 5 ; i++)
        printf(" * p=%d\n", p[i]);
}
```

三种方式的运行结果相同为

```
* p=2
* p=4
* p=6
* p=8
* p=10
```

指针移动时会改变指针变量的值,因此要注意指针的当前值。

 试一试

问题 6.8 输入和输出数组 a 的 10 个元素。

【程序代码】

```
void main()
{
    int i, a[10], * p=a;
    for(i=0 ; i<10 ; i++)
        scanf("%d", p++) ;
    printf("\n") ;
    for(i=0; i<10; i++)
        printf("%d", * p++);
}
```

【说明】

运行结果:

```
1 2 3 4 5 6 7 8 9 10↙
01245120419001136740483674136236746012430682147 3484800
```

显然输出的数值并不是 a 数组中每个元素的值。原因是指针 p 的初始值为数组 a 的首地址,但经过第一个 for 循环读入数据后,p 已指向数组 a 的末尾。因此,在执行第二个 for 循环时,p 的值不是 &a[0]了,而是 a+10。故执行循环时,每次执行 p++,p 指向的是数组 a 后面的值,实际上就是些不定值。

 练一练

如何解决问题 6.8 中的问题?

问题 6.9 输入和输出 5 名学生一门课程成绩,采用下标法、数组名访问法和指针变量访问法 3 种方法实现。

【程序代码】

(1) 下标法(常用,很直观)

```c
#include "stdio.h"
void main()
{
    int score[5], i;
    printf("请输入 5 名学生 1 门课程的成绩\n");
    for(i=0; i<5; i++)
        scanf("%d", &score[i]);
    printf("输出的 5 名学生的成绩为:\n");
    for(i=0; i<5; i++)
        printf("%3d ", score[i]);
    printf("\n");
}
```

(2) 用数组名访问(效率与下标法相同,不常用)

```c
#include "stdio.h"
void main()
{
    int score[5], i;
    printf("请输入 5 名学生 1 门课程的成绩\n");
    for(i=0; i<5; i++)
        scanf("%d", &score[i]);
    printf("输出的 5 名学生的成绩为:\n");;
    for(i=0; i<5; i++)
        printf("%3d ", *(score+i));
    printf("\n");
}
```

(3) 用指针变量访问(常用,效率高)

```c
#include "stdio.h"
void main()
{
    int score[5], i, *p;
    printf("请输入 5 名学生 1 门课程的成绩\n");
    for(i=0; i<5; i++)
        scanf("%d", &score[i]);
    printf("输出的 5 名学生的成绩为:\n");;
    for(p=score; p<score+5; p++)
        printf("%3d ", *p);
    printf("\n");
}
```

问题 6.10 数组 a 中有 10 个元素,将它们逆序输出。

【程序代码】

```c
#include"stdio.h"
#define N 10
void main()
{
```

```
int a[N]={1, 2, 3, 4, 5, 6, 7, 8, 9, 10};
int * p, * q, i, t;
for(p=a, q=a+N-1; p<q; p++, q--)
                        /* p指向数组中第一个元素,q指向最后一个元素 */
{
    t= * p;
    * p= * q;
    * q=t;
}
for(i=0; i<N; i++)
    printf("%d ", a[i]);
}
```

【说明】

p指向数组中的第一个元素,q指向数组中的最后一个元素,将数组中的第一个元素与数组中最后一个元素交换,然后p++,指向第二个元素,q--,指向倒数第二个元素,然后它们交换,以此类推,直到p>=q为止。

练一练

输入10个整数,求这10个数的平均值。

6.2.4　二维数组的指针

指针可以指向一维数组,也可以指向二维数组,但在概念和使用上二维数组比一维数组复杂一些。

在二维数组中,整个数组有一个首地址,数组中每一行有一个首地址,称为行地址,每个数组元素也有一个地址。

二维数组在逻辑上是二维空间,但是在存储器中则是以行为顺序,占用一片连续的内存单元,其存储结构是一维线性空间。因此,就可以把二维数组视为一维数组来处理。即把二维数组看成是一种特殊的一维数组,它的元素是一个一维数组。例如:

int a[4][3];

a是数组名,它包含4行,可看成是由4个元素a[0]、a[1]、a[2]和a[3]组成的一维数组,而每个元素又都是具有3个元素的一维数组:

a[0]   {a[0][0],a[0][1],a[0][2]}
a[1]   {a[1][0],a[1][1],a[1][2]}
a[2]   {a[2][0],a[2][1],a[2][2]}
a[3]   {a[3][0],a[3][1],a[3][2]}

a[0]、a[1]、a[2]和a[3]被看成一维数组名,所以又代表二维数组中每一行的首地址。

由于a代表整个二维数组的首地址,即第一行的首地址,则a+1,a+2,a+3分别代表第二行、第三行和第四行的首地址。

根据二维数组的存储结构,可采用指向二维数组元素的指针或指向二维数组行的指针访问二维数组。

1. 指向二维数组元素的指针

如果将二维数组的首地址赋给相应基本类型的指针变量,则该指针变量就指向了二维数组,此后,就可以通过该指针变量去访问二维数组。例如:

```
int  * p, a[3][4];
p = a;
```

试一试

问题 6.11 用指向数组元素的指针输出二维数组的各元素。

【程序代码】

```
#include"stdio.h"
void main( )
{
    int b[2][3]={2, 42, 3, 16, 21, 9};
    int * p;
    for(p=b[0]; p<b[0]+6; p++)
    {
        if((p-b[0])%3==0) printf("\n");        / * 每行输出 3 个数 * /
        printf("%5d", * p);
    }
    printf("\n");
}
```

【说明】

因为 p 是指向数组元素的指针,每次循环使 p++指向下一个元素的指针。这是一种顺序输出数组中各元素的方法,实际上是将二维数组看成是按行连续存放的一维数组。

运行结果:

```
 2  42   3
16  21   9
```

练一练

在问题 6.11 已实现功能的基础上,再实现求最大值的功能。

2. 指向二维数组行的指针

指向二维数组某一行的指针,称为行指针。

定义形式为:

数据类型（ * 指针）[n]

其中,指针名连同其前面的“ * ”一定要用圆括号括起来,n 表示二维数组的列数,指针指向一维数组的长度。例如:

```
int a[3][4];
int (*p)[4];
p=a[0];
```

行指针的移动是以行为单位,不能指向数组中的第 j 个元素,但可用行指针引用。

当行指针 p 指向二维数组的第一行,则 *p 表示 a[0]、*((*p)+1)、(*p)[1]、p[0][1]均表示 a[0][1],以此类推,通过行指针访问任一个数组元素的形式有:

((p+i)+j)   (*p+i)[j]   p[i][j]

 试一试

问题 6.12   用指向二维数组元素的行指针输出二维数组的各元素。
【程序代码】

```
#include"stdio.h"
void main( )
{
    int b[2][3]={2, 42, 3, 16, 21, 9};
    int (*p)[3], i, j;
    for(p=b, i=0; i<2; i++)
    {
        for(j=0; j<3; j++)
            printf("%5d", *(*(p+i)+j));
        printf("\n");
    }
    for(p=b; p<b+2; p++)
    {
        for(j=0; j<3; j++)
            printf("%5d", *(*p+j));
        printf("\n");
    }
}
```

【说明】

该程序使用行指针 p 两次输出二维整型数组 b 的各数组元素。第一次用 for 循环输出二维数组元素时,指针变量 p 保持不变,用 *(*(p+i)+j)代表数组元素 a[i][j],当然也可以用(*p+i)[j]、p[i][j]输出数组元素。第二次用 for 循环输出二维数组元素时,每次执行外循环使 p 的值加 1,p 指向下一行,而 *p 代表该行第 0 列元素的地址,*p+j 是指针 p 所指行的第 j 个元素的地址。

运行结果:

```
 2   42   3
16   21   9
 2   42   3
16   21   9
```

通过以上两例,可以看出两种指针变量的使用区别:指向数组元素的指针变量可以访问任意长度的数组,指向数组行的指针变量只能访问固定长度的数组。

问题 6.13　求出二维数组中所有元素的和。

【程序代码】

```
#include"stdio.h"
void main( )
{
    int a[3][3]={1, 2, 3, 4, 5, 6, 7, 8, 9};
    int * p;
    int sum=0;
    for(p= * a; p< * a+9; p++)          /* * a表示第0行第0列的地址 */
        sum=sum+ * p;
    printf("二维数组元素的总和=%d\n", sum);
}
```

【说明】

* a表示第0行第0列的地址,*a+8表示二维数组最后一个元素的位置。p++使 p指向下一个数组元素。

用指针实现,求出二维数组中所有元素的最大值。

任务 6.3　优化输出班级学生成绩单

 任务分析

任务6.2已经完成 M 名学生3门课程成绩的录入和输出,本任务要求在此基础上用指针实现,输出班级学生成绩单。

可以采用二维数组的数组名计算 i 行 j 列元素的方法实现求和、求平均值、输出班级学生成绩表的功能;还可以采用二维数组的指针变量计算 i 行 j 列元素的方法进行求和、求平均值,并输出班级学生成绩表。

6.3.1　使用指针优化学生成绩管理系统

用指针运算输出班级学生成绩单(信息包括:学号、三门课程成绩、总分和平均分)功能模块。M 名学生3门课程成绩存放在 M×5 的二维数组中,其中后两列用来存放每名学生的总分和平均分。本程序定义了4个函数:函数 input()输入学生成绩;函数 printf()输出学生成绩;函数 get_score()计算学生的总分及平均分;主函数 main()。本程序只输出了班级学生的成绩,并未排序,排序的工作由学生自行解决。解决方法可参考如下程序。

```
#include "stdio.h"
#define M 5
#define N 5
```

```c
void input(int (*p)[N], int m)        /*输入学生成绩的函数*/
{
    int i, j;
    printf("请输入%d名学生%d门课程的成绩:\n", M, N-2);
    for(i=0; i<m; i++)
    {
        for(j=0; j<N-2; j++)
            scanf("%d", *(p+i)+j);
    }
}
void print(int (*p)[N], int m)        /*输出学生成绩的函数*/
{
    int i, j;
    printf("班级学生成绩单\n");
    printf("学号\t成绩1\t成绩2\t成绩3\t总分\t平均分\n");
    for(i=0; i<m; i++)
    {
        printf("%d\t", i+1);
        for(j=0; j<N; j++)
            printf("%d\t", *(*(p+i)+j));
        printf("\n");
    }
}
void get_score(int (*p)[N], int m)  /*计算学生总分和平均分的函数*/
{
    int i, j;
    for(i=0; i<m; i++)
    {
        for(j=0; j<N-2; j++)
            *(p[i]+3) = *(p[i]+3) + *(p[i]+j);
        *(p[i]+4) = *(p[i]+3)/3;
    }
}
void main()                           /*主函数*/
{
    int score[M][N]={0};
    int i, k;
    input(score, M);                  /*调用输入的函数*/
    get_score(score, M);              /*调用计算总分和平均分的函数*/
    print(score, M);                  /*调用输出函数*/
    printf("\n");
}
```

6.3.2 指向数组的指针作为函数的参数

在项目 5 中介绍过用数组名作为函数的实参和形参的问题。在学习指针变量之后这个问题就更容易理解了。数组名就是数组的首地址,实参在函数调用时,是把数组首地址传送给形参,所以实参向形参传递数组名实际上就是传递数组的首地址。形参得到该地址后指向同一个数组,即形参和实参共享同一空间。这就好像同一件物品有两个不同的名称一样。同样,数组指针变量的值即为数组的首地址,当然也可以作为函数的参数使用。

 试一试

问题 6.14 将数组 a 中的 n 个整数按相反的顺序存放。

【程序代码】

```c
#include "stdio.h"
void inv(int x[], int n)
{
    int m, temp, i, j;
    m=(n-1)/2;
    for(i=0; i<=m; i++)
    {
        j=n-1-i;
        temp=x[i]; x[i]=x[j]; x[j]=temp;
    }
}
void main()
{
    int i, * p, a[10]={1, 2, 3, 4, 5, 6, 7, 8, 9, 10};
    p=a;
    inv(p, 10);
    for(i=0; i<10; i++)
        printf("%d, ", a[i]);
    printf("\n");
}
```

【说明】

本题中函数的形参是数组,调用函数时将数组指针变量作为函数的实参传递给了形参。

输出结果:

10, 9, 8, 7, 6, 5, 4, 3, 2, 1

问题 6.15 使用函数从 n 个数中找出最大值和最小值,并在主调函数中输出。

【程序代码】

```c
#include "stdio.h"
#define N 5
float max_element(float b[], int n);
void main()
{
    float a[N];
    float * pa = a;                    /*定义指针变量,并指向数组*/
    int i;
```

```
    float max;
    for(i = 0; i < N; i++)          /* 输入数据 */
        scanf("%f", &a[i]);
    max = max_element(pa, N);    /* 函数调用的实参是指针 */
    printf("max = %.2f\n", max);
}
float max_element(float b[], int n)   /* 函数形参为数组 */
{
    float max;
    int j;
    max = b[0];
    for(j = 1; j <= n; j++)
        if(max < b[j]) max = b[j];
    return max;
}
```

 练一练

将问题 6.15 中函数的形参修改为指针变量实现同样的功能。

问题 6.16　输出二维数组中各元素的值,要求用函数输出。

【程序代码】

方法一:

```
#include "stdio.h"
void pp(int (*p)[4])
{
    int i, j;
    for(i=0; i<3; i++)
    {
        for(j=0; j<4; j++)
            printf("%5d", *(*(p+i)+j));
        printf("\n");
    }
}
void main()
{
    int s[3][4]={1, 2, 3, 4, 5, 6, 7, 8, 9, 10, 11, 12};
    int i, j;
    pp(s);
}
```

【说明】

函数参数 int (*p)[4]表示指向含 4 个元素的一维整型数组的指针变量(是指针)。

输出结果:

```
1   2   3   4
5   6   7   8
9   10  11  12
```

方法二：

```c
#include "stdio.h"
void pp(int a[][4])
{
    int i, j;
    for(i=0; i<3; i++)
    {
        for(j=0; j<4; j++)
            printf("%5d", *(*(a+i)+j));
        printf("\n");
    }
}
void main()
{
    int s[3][4]={1, 2, 3, 4, 5, 6, 7, 8, 9, 10, 11, 12};
    int i, j;
    pp(s);
}
```

【说明】

函数参数采用数组。

 练一练

将数组 a 中的 n 个整数按从高到低的顺序存放。

问题 6.17 某公司有 3 名销售员销售三个品牌的饮水机，用指针实现所有销售员各类销售量的输入、输出以及输出创造最高销售量的销售员（在函数中进行）。

【程序代码】

```c
#include "stdio.h"
void print(int (*p)[4], int n)          /*输出数组元素的函数*/
{
    int i, j;
    for(i=0; i<n; i++)
    {
        for(j=0; j<4; j++)
        printf("%5d", *(*(p+i)+j));
        printf("\n");
    }
}
void get_sum(int (*p)[4], int n)        /*求每个销售员的总销售量*/
{
    int i, j;
    for(i=0; i<n; i++)
    {
        for(j=0; j<3; j++)
            *(*(p+i)+3) += *(*(p+i)+j);
    }
```

```
    }
    int get_max(int ( * p)[4], int n)         /* 求创造最高销售量的是第几位销售员 */
    {
        int i, max, k;
        max= * (p[0]+3);
        k=0;
        for(i=1; i<n; i++)
            if( * ( * (p+i)+3)>max)
                k=i;

        return k;
    }
    void main()
    {
        int s[3][4]={182, 378, 290, 0, 282, 390, 450, 0, 382, 168, 246, 0};
        /* 0 的位置将存放三名销售员各自的总销售量 */
        int i, k;
        get_sum(s, 3);                        /* 调用求每个销售员总销售量的函数 */
        print(s, 3);                          /* 调用输出函数 */
        printf("最高销售量记录为:\n");
        k=get_max(s, 3);                      /* 调用求创造最高销售量的是第几位销售员的函数 */
        for(i=0; i<4; i++)
        printf("%5d", s[k][i]);
        printf("\n");
    }
```

【说明】

3 名销售员销售 3 个品牌的饮水机的销售量存放在一个 3×4 的二维数组中,其中最后一列用来存放每名销售员销售量之和。

任务6.4 任 务 拓 展

6.4.1 指向字符串的指针变量

在 C 语言中,字符串是存放在字符数组中的。为了对字符串进行操作,可定义一个字符数组,也可以定义一个字符指针。

 试一试

问题 6.18 用字符数组实现对字符串的处理。

【程序代码】

```
void main( )
{
    char s[ ]="I love China!";
    printf("%s\n", s);
}
```

【说明】

数组名 s 代表字符数组的首地址,实际上是字符串存放的起始指针(因为地址就是指针,这是一个常量指针),而字符串的字符从低地址往高地址依次存放,如图 6.8 所示。字符串的名字是一个地址常量,所以字符串可认为是一个指针量。

注意:可借用定义指针的方法对字符串进行说明,通过字符指针处理字符串,而不用字符数组。

上例用字符指针定义:

char ＊s＝"I love China!";

这个定义语句通知计算机在内存中开辟一个存储区域,它的首地址由字符指针 s 表示,在这个区域内依次存放"I"、" "、"l"…"!"这 13 个字符,如图 6.9 所示。虽然没有定义字符数组,但字符串是按字符数组来处理的。

s	
I	s[0]
	s[1]
l	s[2]
o	s[3]
v	s[4]
e	s[5]
	s[6]
C	s[7]
h	s[8]
i	s[9]
n	s[10]
a	s[11]
!	s[12]
\0	s[13]
	s[14]

图 6.8　一维数组存放的字符串

s →		
	I	s[0]
		s[1]
	l	s[2]
	o	s[3]
	v	s[4]
	e	s[5]
		s[6]
	C	s[7]
	h	s[8]
	i	s[9]
	n	s[10]
	a	s[11]
	!	s[12]
	\0	s[13]
		s[14]

图 6.9　按字符指针存放的字符串

练一练

阅读下面程序,写出程序的运行结果。

```c
＃include "stdio.h"
＃include "string.h"
void main()
{
    int i;
    char ＊pc, ac[10];
    pc＝"abcd";
    for(i＝0; pc[i]!＝'\0'; i＋＋)
```

```
        ac[i]=pc[i];
    ac[i]='\0';
    printf("%s\t%s\t%d\n", pc, ac, strcmp(pc, ac));
}
```

虽然用字符数组和字符指针都能实现字符串的存储和运算,但它们二者之间是有区别的。

(1) 字符数组方式:

char s[ ]="China";

① 字符数组一旦定义,编译系统为字符数组分配一段连续的内存单元,每个数组元素都有自己的名字:

s[0],s[1],…,s[5]

② s是数组名,是一个地址常量,不能重新赋值。

③ 字符数组不能用赋值语句整体赋值,如:

s="China"; 这是错误的

只能逐个赋值:

s[0]='C'、s[1]='h',…,s[4]='a'

可用 scanf("%s", s); 整体输入字符串。

(2) 用字符指针方式:

char * sp="China";

① 字符指针定义时,编译系统仅为字符指针 * sp 分配一个用于存放指针变量的单元,运行时才把字符串的首地址赋给字符指针,即字符指针 sp 只存放字符串的首地址,而不是字符串本身。但各字符可通过指针来引用: * (sp+0), * (sp+1),…也可写成: sp[0],sp[1],…的形式,但含义与数组方式不同。

② sp 是指针变量,可重新赋值,如:

char * sp="China", * sq="Japan";
sp=sq;

③ 指针可用赋值语句整体赋值,如:

sp="China";

 试一试

问题 6.19 将两个字符串进行交换。
【程序代码】

```
void main()
{
```

```
    char  * ch1="ABC",  * ch2="XYZ",  * t;
    t=ch1;
    ch1=ch2;
    ch2=t;
    printf("ch1=%s\t ch2=%s\n", ch1, ch2);
}
```

【说明】

运行结果：

ch1=XYZ ch2=ABC

将字符指针看成字符串变量,可以将字符串进行整体赋值,解决数组中较难解决的问题,所以,用字符指针使得字符串的处理变得更为方便和灵活。

但不提倡 scanf("%s", sp); 整体输入字符串。可先定义一个字符数组,使字符指针指向数组的首地址,例如：

```
    char s[5],  * sp=s;
    scanf("%s", sp);
```

用字符指针实现输入两个字符串,不用字符串连接函数,将第二个字符串连接到第一个字符串后面。

6.4.2 程序举例

问题 6.20 党支部评优的时候,有 3 位候选人,现要求对 3 位候选人以姓氏的英文字母排序,请用 C 语言中的字符指针解决此问题。

【程序代码】

```
# include "stdio. h"
# include "stdio. h"
# include "string. h"                    /* 因为要用到 strcmp()函数 */
void main()
{
    char  * name1="张晓丽",  * name2="李刚",  * name3="王伟",  * t;
    if(strcmp(name1, name2)>0)
    {
        t=name1; name1=name2; name2=t;
    }
    if(strcmp(name1, name3)>0)
    {
        t=name1; name1=name3; name3=t;
    }
    if(strcmp(name2, name3)>0)
    {
        t=name2; name2=name3; name3=t;
    }
```

```
    printf("输出的姓名为:\n");
    printf("%s\n", name1);
    printf("%s\n", name2);
    printf("%s\n", name3);
}
```

【说明】

本题用 name1、name2、name3 三个字符指针指向字符串的第一个元素,在 3 个字符串中存储了 3 位候选人的姓名,在 strcmp( ) 函数中用这些字符指针进行比较,实现了姓名的排序。

问题 6.21 用指针实现,将字符串 str1 复制到字符串 str2。

【程序代码】

```
#include"stdio.h"
void main()
{
    char str1[] = "What's your name?", str2[20];
    int i;
    for(i = 0; *(str1+i) != '\0'; i++)
        *(str2+i) = *(str1+i);
    *(str2+i) = '\0';                    /*设置字符串 str2 的结束标志*/
    printf("String str1:\t%s\n", str1);   /*指针法*/
    printf("String str2:\t");
    for(i = 0; str2[i] != '\0'; i++)      /*按数组元素输出*/
        printf("%c", str2[i]);           /*数组下标法*/
        printf("\n");
}
```

【说明】

在程序中,str1 和 str2 都定义为字符数组。在第一个 for 循环中,先检查 *(str1+i)(即 str1[i])是否为字符 '\0',若不为 '\0',表示字符串尚未处理完,就将 *(str1+i)的值赋给 *(str2+i)。最后通过语句 "*(str2+i) = '\0';" 将字符串的结束标志 '\0' 复制到str2。第二个 for 循环是采用数组下标法表示一个数组元素的。

6.4.3 自己动手

(1) 用指针实现求两个最大公约数,编写 fun() 函数并运行。

```
#include "stdio.h"
fun (int *p, int *q)
{
}
void main( )
{
    int x, y, z;
    scanf ("%d%d", &x, &y);
    z=fun (&x, &y);
    printf ("最大公约数=%d\n", z);
}
```

（2）以下程序的功能是：将输入的字符串反向输出，请将程序补充完整并运行。

```
#include "stdio.h"
#include "string.h"
void main( )
{
    char * pstr, str[50];
    int i, n;
    pstr=str;
    gets(pstr);
    n=_____;
    while(_____)
    {
        _____;
        printf("%c", * pstr);
    }
}
```

（3）完成判定一个子字符串在一个字符串中出现次数的函数，如果该子字符串不出现则返回 0。

```
#include "stdio.h"
#include "string.h"
fs(char _____, char _____)
{
}
void main( )
{
    char s1[20], s2[10] ;
    int n ;
    gets(s1) ; gets(s2) ;
    n=fs(s1, s2) ;
    if (n==0) printf("在字符串%s中没有子串%s\n", s1, s2);
    else printf("在字符串%s中出现子串%s的次数为%d\n", s1, s2, n);
}
```

习　题　6

1. 选择题

（1）若有定义：int(* p)[4];，则标识符 p(　　)。

　　A. 是一个指向整型变量的指针

　　B. 是一个指针数组名

　　C. 是一个指针，它指向一个含有 4 个整型元素的一维数组

D. 说明不合法

(2) 在以下选项中,操作不合法的一项是(　　　　)。

    A. int x[6], * p; p＝& x[0];

    B. int x[6], * p; * p＝x;

    C. int x[6], * p; p＝x;

    D. int x[6], p; p＝x[0];

(3) 有以下程序:

```
void main( )
{
    int a[]={2, 4, 6, 8, 10}, x, y=0, * p;
    p=&a[1];
    for(x=0; x<3; x++)
        y+ = * (p+x);
    printf("%d \n", y);
}
```

程序执行后 y 的值是(　　　)。

    A. 16   B. 17   C. 18   D. 19

(4) 设有如下函数定义:

```
int f(char * s)
{
    char * p=s;
    while( * p! = '\0') p++;
    return(p-s) ;
}
```

如果在主程序中用下面的语句调用上述函数,则输出结果(　　　)。

```
printf("%d\n", f("goodbye!"));
```

    A. 3   B. 6   C. 8   D. 0

(5) 以下程序段的结果为(　　　)。

```
char str[]= "Program", * ptr=str ;
for( ; ptr<str+7; ptr+=2 )
    putchar( * ptr) ;
```

    A. Program   B. Porm   C. Por   D. 有语法错误

(6) 说明语句如下:

```
int a[10]={1,2,3,4,5,6,7,8,9}, * p=a;
```

则数值为 6 的表达式是(　　　)。

    A. * p+6   B. * (p+6)   C. p+5   D. * p+=5

(7) 以下程序的输出结果是(　　　)。

```
main()
```

```
{
    int x[5]={10,20,30,40,50}, * p;
    p=x;
    * p++;
    printf("%d", * p);
}
```

A. 10   B. 11   C. 20   D. 21

(8) 下面函数的功能是(　　)。

```
int fun(char * x)
{
    char * y=x;
    while ( * y++) ;
    return y-x-1;
}
```

A. 求字符串的大小   B. 比较字符串的大小

C. 将字符串 x 复制到字符串 y 中   D. 将字符串 x 连接到字符串 y 后面

2. 填空题

(1) 在指针定义中的"＊"符号表示_____,在使用过程中若该指针变量名的前面用"＊"符号,则表示_____,在使用过程中若该指针变量名的前面不用"＊"符号,则表示_____。

(2) 当一个指针变量 p 指向一个数组时,p 表示指向一个_____元素,p+1 指向_____元素,当该数组是整型值时,其指向数组地址值应增加_____;当该数组是单精度型值时,其指向数组地址值应增加_____。

(3) 有以下的语句,则输出结果是_____。

```
char * sp="\"D:\\ANI.TXT\" ";
printf("%s", sp);
```

(4) 以下程序段的输出结果是_____。

```
# include "stdio.h"
int ast(int x, int y, int * cp, int * dp)
{
* cp=x+y;
* dp=x-y;
}
void main()
{
int a, b, c, d;
a=4, b=3;
ast(a, b, &c, &d);
printf("%d %d\n", c, d);
}
```

(5) 以下函数把 b 字符串连接到 a 字符串的后面,并返回 a 中新字符串的长度,请填空。

```
strcen(char a[], char b[])
{
    int i=0, j=0;
    while( * (a+i)! = _____ ) i++;
    while(b[j]) { * (a+i)=b[j]; i++; _____; }
    return i; }
```

3. 简答题

下列程序有哪些错误? 请解释错误原因。

```
(1) void main()
    {
        int * p=&a;
        int a;
        printf ("%d\n", * p);
    }
(2) void main()
    {
        int a, * p;
        a=10; * p=a;
        printf ("%d, %d\n", a, * p);
    }
(3) void main()
    {
        float x=123.1;
        int * p;
        p=&x;
        printf ("%f\n", * p);
    }
(4) void main( )
    {
        char * p, str[10];
        str="COM";
        scanf ("%s", p);
        printf ("%s, %s\n", * p, str);
    }
```

4. 编程题(要求用指针方法处理)

(1) 将 N 个整数中最小的数与第一个数交换,最大的数与最后一个数交换,输出交换后的数。

(2) 一个班有 4 名学生,5 门课。①求第一门课的平均分;②找出有 2 门以上课程不及格的学生,输出他们的学号、全部课程成绩和平均成绩;③找出平均成绩在 90 分以上或全部课程成绩在 85 分以上的学生。分别编写三个函数实现以上三个要求。

(3) 统计一行字符中大写字母、小写字母、数字、空格及其他字符个数。

用结构体实现学生成绩管理系统

 项目要点

- 结构体类型的定义
- 结构体类型变量的定义以及结构体类型成员的访问
- 结构体数组的定义和使用
- 结构体指针的定义和使用
- 运用结构体类型解决实际问题

 学习目标

- 掌握结构体类型的定义
- 掌握结构体类型变量的定义方法和结构体类型成员的访问
- 熟悉结构体数组和指向结构体的指针变量的使用
- 熟悉结构体在解决实际问题中的使用

 工作任务

改进学生成绩管理系统,增加每位学生的基本信息,包括学号、姓名、专业、3 门课程成绩、总分以及平均分。现在对每位学生基本信息和成绩进行如下管理:①录入和显示每位学生的基本信息;②计算出每位学生的总分及平均分;③输出成绩最高的学生信息;④实现增加和删除学生记录的功能。程序运行结果如图 7.1 所示。

 引导问题

(1) 本项目需要处理的数据有哪些?如何对这些数据进行组织?

(2) 学生的基本信息定义成什么类型的变量?

(3) 如何对学生信息进行录入和输出?

(4) 如何对大批量的学生信息数据进行处理?

(5) 如何计算出学生成绩的总分及平均分和寻找总分最高的学生成绩?

(6) 如何实现学生记录的插入和删除?

图 7.1　程序运行结果

任务 7.1　确定学生基本信息的类型

任务分析

对学生的基本信息进行处理,首先需要把学生的基本信息,包括学号、姓名、专业班级、3 门课程成绩、总分及平均分等相关信息录入计算机,保存到相应的变量中,否则计算机无法对这些数据进行处理。本任务确定使用什么类型的变量来保存这些数据。

7.1.1　结构体类型

在前面的各项目中,已经学习了很多的数据类型,例如,整型、实型、字符型等,它们都是系统提供的基本数据类型,特点是只能表示单一的数据,而且表示的数据之间是独立的,无从属关系。另外,为了处理大批量的数据,介绍了构造类型——数组,但是数组的使用局限于数组的所有元素必须是同一类型的数据集合体。然而,本项目中所涉及的学生基本信息包含了学号、姓名、专业班级、3 门课程成绩、总分及平均分,是不同数据类型的数据的集合体,无法用数组来定义。另外,由于它们是一个完整的信息,又不能把它们拆成多个单独的数据项,所以必须使用新的数据类型来解决这个问题。C 语言对此提供了一种称为结构体的复合数据类型,结构体为处理这种复杂的数据结构提供了有效的手段。

7.1.2　结构体类型的定义

本项目中提到学生的基本信息,由学号(长整型)、姓名(字符型数组)、年龄(整型)、专业班级(字符型数组)、3门课程成绩(整型数组)、总分(整型)和平均分(实型)组成。它们的处理对象均为某班级的学生,但又都分别属于不同的类型。这时如果使用简单的变量来表述,则难以反映出它们之间的内在关系,用数组来表述则无法组合不同类型的元素。因此,C语言提供了一种称为结构体(struct)的类型,结构体就是由一系列具有相同类型或不同类型的数据构成的数据集合,它多用来描述由不同类型数据组成的"复杂类型",如图7.2所示。

学号	姓名	年龄	专业班级	3门课程成绩	总分	平均分
长整形	字符型	整型	字符型	整型数组	整型	实型

图 7.2 结构体类型数据项的描述

图7.2表示的结构体,可用下列程序语句来定义。

```
struct student               /*结构体类型*/
{
    long num;                /*学号*/
    char name[20];           /*姓名*/
    int age;                 /*年龄*/
    char department[20];     /*专业班级*/
    int grade[3];            /*3门课成绩*/
    int sum;                 /*总分*/
    float ave;               /*平均分*/
};
```

这里定义了一个 struct student 结构体类型,它包括7个数据项,分别为 num、name、age、department、grade、sum 和 ave。组成结构体的每个数据称为该结构体的成员,在程序中,若要使用结构体,就必须首先对结构体的成员进行描述,这称为结构体的定义。结构体的定义应该说明该结构体是由哪几个成员组成,以及每个成员具有的数据类型,最后的分号表示结构体类型定义的结束。

定义一个结构体类型的一般格式为:

```
struct 结构体类型名
{
    数据类型 成员名1;
    数据类型 成员名2;
    …
    数据类型 成员名n;
};
```

其中,struct 是关键字。

【说明】

(1)结构体类型不是由系统预先定义的,而是由用户定义的,凡需使用结构体类型的,都必须在程序中先进行定义。

(2)结构体类型定义之后就和基本数据类型一样,只规定了内存分配方式,并不实际占用内存的空间。某种结构体类型需占用的内存字节数,是各成员所占字节数的总和,也可以用 sizeof(结构体类型名)来确定。应当明确,只有在定义了变量以后,系统才为所定义的变量分配相应的存储空间。

职工工资管理系统中,职工的信息包括职工号、姓名、性别、年龄、工作部门、工资等级、工资额,为了存放职工的基本信息,应如何定义结构体类型?

7.1.3 定义学生结构体类型

定义了结构体类型之后,就可以定义该结构体类型的变量了。定义结构体类型变量可采用 3 种方法。

(1) 间接定义。先定义结构体类型,然后再定义结构体类型变量。

① 先定义结构体类型:

```
struct student                 /*结构体类型*/
{
    long num;                  /*学号*/
    char name[20];             /*姓名*/
    int age;                   /*年龄*/
    char department[20];       /*专业班级*/
    int grade[3];              /*3门课成绩*/
    int sum;                   /*总分*/
    float ave;                 /*平均分*/
};
```

② 再定义结构体类型变量:

```
struct student s1, s2;
```

其中,struct student 称为结构体类型名,即结构体的类型说明符,用于定义或说明变量。s1、s2 称为结构体变量名。系统给两个结构体变量分配空间,如图 7.3 所示。

s1:	1001	"Liu Ying"	20	"软件2班"	98	90	89	277	92.3

s2:	1002	"Li Ming"	20	"软件2班"	88	91	92	271	90.3

图 7.3　结构体类型变量 s1 和 s2

(2) 直接定义。在定义结构体类型的同时定义结构体变量。

一般格式为:

```
struct 结构体类型名
{
    数据类型 成员名1;
    数据类型 成员名2;
    ...
```

```
      数据类型 成员名 n;
)结构体变量名表;
```

上述学生结构体类型变量用该方法定义如下：

```
struct student                /*结构体类型*/
{
    long num;                 /*学号*/
    char name[20];            /*姓名*/
    int age;                  /*年龄*/
    char department[20];      /*专业班级*/
    int grade[3];             /*3门课成绩*/
    int sum;                  /*总分*/
    float ave;                /*平均分*/
    }s1, s2;
```

这种定义方式既定义了结构体类型,又定义了结构体变量,非常紧凑,也比较方便。

（3）一次性定义。直接定义结构体类型变量。

其一般格式为：

```
struct
{
    数据类型 成员名 1;
    数据类型 成员名 2;
    ...
    数据类型 成员名 n;
)结构体变量名表;
```

上述学生结构体类型变量定义又可写成：

```
struct
{
    long num;                 /*学号*/
    char name[20];            /*姓名*/
    int age;                  /*年龄*/
    char department[20];      /*专业班级*/
    int grade[3];             /*3门课成绩*/
    int sum;                  /*总分*/
    float ave;                /*平均分*/
}s1, s2;
```

在这种定义方法中没有给出具体的结构体类型名,这种方法适合在程序中仅在一处定义结构体类型变量,在其他地方再定义就不方便了。

【说明】

（1）结构体类型和结构体类型变量是不同的概念,不能混淆。在定义一个结构体变量时,应该首先定义它的类型,然后再定义该类型的变量。只有定义变量之后,系统才能为变量分配相应的存储空间,分配的空间是所有成员项所占空间的总和,可以用 sizeof 来计算。

（2）结构体类型是可以嵌套定义的，也就是说结构体中的某个数据成员也可以是结构体类型变量。例如，上述学生结构体类型变量中，当把数据成员年龄项改为出生日期时，其结构形式如图 7.4 所示。

| 1001 | "Lin Ying" | birthay | | | "软件2班" | 98 | 90 | 89 | 277 | 92.3 |
| | | month | day | year | | | | | | |

图 7.4　结构体类型的嵌套

因此，首先要定义一个结构体类型 struct date，再定义 struct student1：

```
struct date                    /＊定义日期结构体＊/
{
    int month;
    int day;
    int year;
};
struct student1                /＊定义学生结构体＊/
{
    long num;
    char name[20];
    struct date birthday;      /＊定义生日结构体＊/
    char department[20];
    int grade[3];
    int sum;
    float ave;
}s3, s4;
```

练一练

根据已经定义好的职工结构体类型，定义职工结构体变量 e1 和 e2。

任务 7.2　学生信息的录入和输出

 任务分析

定义好学生结构体类型变量之后，就可以对这些变量赋值，将学生的基本信息保存到结构体类型变量中。本任务要求录入学生的信息，并将这些信息在屏幕上显示出来。

7.2.1　输入和输出学生基本信息

在任务 7.1 中，定义学生结构体类型及其相应的变量。本任务先录入两名学生的信息，然后将学生信息输出。解决方法可参考如下程序。

方法一：赋初值法

```c
#include"stdio.h"
void main()
{
    struct student
    {
        long num;                /*学号*/
        char name[20];           /*姓名*/
        int age;                 /*年龄*/
        char department[20];     /*专业班级*/
        int grade[3];            /*3门课成绩*/
        int sum;                 /*总分*/
        float ave;               /*平均分*/
    }s1={1001, "李明", 20, "软件2班", 99, 90, 92, 0, 0},
        s2={1002, "王云", 19, "软件2班", 88, 87, 89, 0, 0};
    printf("学生的信息为\n");   /*输出两名学生的信息*/
    printf("学号\t姓名\t年龄\t专业班级\t成绩1\t成绩2\t成绩3\n");
    printf("%ld\t%s\t%d\t%s\t\t%d\t%d\t%d\n", s1.num, s1.name, s1.age, s1.
      department, s1.grade[0], s1.grade[1], s1.grade[2]);
    printf("%ld\t%s\t%d\t%s\t\t%d\t%d\t%d\n", s2.num, s2.name, s2.age, s2.
      department, s2.grade[0], s2.grade[1], s2.grade[2]);
}
```

方法二：调用输入函数

```c
#include"stdio.h"
void main()
{
    struct student
    {
        long num;                /*学号*/
        char name[20];           /*姓名*/
        int age;                 /*年龄*/
        char department[20];     /*专业班级*/
        int grade[3];            /*3门课成绩*/
        int sum;                 /*总分*/
        float ave;               /*平均分*/
    }s1, s2;
    printf("学生的信息(学号、姓名、年龄、专业班级、3门课成绩),以空格分离\n");
    scanf("%ld %s %d %s %d %d %d", &s1.num, s1.name, &s1.age, s1.department, &s1.
grade[0], &s1.grade[1], &s1.grade[2]);
    scanf("%ld %s %d %s %d %d%d", &s2.num, s2.name, &s2.age, s2.department, &s2.
grade[0], &s2.grade[1], &s2.grade[2]);
    printf("学号\t姓名\t年龄\t专业班级\t成绩1\t成绩2\t成绩3\n");
    printf("%ld\t%s\t%d\t%s\t\t%d\t%d\t%d\n", s1.num, s1.name, s1.age, s1.
department, s1.grade[0], s1.grade[1], s1.grade[2]);
    printf("%ld\t%s\t%d\t%s\t\t%d\t%d\t%d\n", s2.num, s2.name, s2.age, s2.
```

```
department, s2.grade[0], s2.grade[1], s2.grade[2]);
}
```

7.2.2 结构体变量初始化

结构体类型变量的初始化就是在结构体类型变量说明的同时,给它的每个成员赋初值。初值表用"{ }"括起来,表中的数据用逗号来分隔,有点类似于数组的赋初值,对不进行初始化的成员,用逗号跳过。

例如,上述学生结构体变量赋初值方法如下:

```
struct student
{
    long num;                    /*学号*/
    char name[20];               /*姓名*/
    int age;                     /*年龄*/
    char department[20];         /*专业班级*/
    int grade[3];                /*3门课成绩*/
    int sum;                     /*总分*/
    float ave;                   /*平均分*/
}s1={1001,"Liu Ying", 20, "软件2班", 99, 90, 92, 0, 0},
s2={1002, "Li Ming", 19, "软件2班", 88, 87, 89, 0, 0};
```

如果一个结构体类型内又嵌套另一个结构体类型(如图7.4所示的形式),则对该结构体变量初始化时,也用"{ }"括起来,按顺序写出各个初始值。

```
struct student1
{
    long num;
    char name[20];
    struct date birthday;        /*定义生日结构体变量*/
    char department[20];
    int grade[3];
    int sum;
    float ave;
}s3={1001, "Liu Ying", {1778, 12, 1}, "软件2班", 88, 89, 90, 0, 0};
```

练一练

对已经定义好的职工结构体变量 e1 和 e2 进行初始化。

7.2.3 结构体变量成员的访问

前面的方法是对结构体变量整体进行初始化,也可以对结构体变量中的各个成员进行初始化,那么如何来访问结构体变量中的各个成员呢?

(1)访问结构体变量的成员的一般格式

结构体变量名·成员名

其中,圆点符号称为成员运算符,运算级别最高。结构体变量的各个成员类似于普通变量,可以参加各种运算。至于它们参加何种运算,由该成员的数据类型来决定。

例如,上述职工结构体变量赋初值的方法如下:

```
struct student s1;
s1.num=1001;
strcpy(s1.name, "Liu Ying");
s1.age=20;
strcpy(s1.departmen, "软件 2 班");
s1.grade[0]=87; s1.grade[1]=90; s1.grade[2]=91;
```

（2）逐层访问成员

前面定义了包含日期的学生结构体(struct student1),生日这个成员又是日期结构体类型。对于生日这个成员,可以一级一级地访问其成员。例如:

```
struct student1 s2;
s2.birthday.year=1978;
s2.birthday.month=12;
s2.birthday.day=1;
```

（3）使用输入和输出语句实现结构体成员的录入和输出

结构体成员和简单变量是一样的,也可以使用输入和输出语句将信息进行输入和输出。例如:

```
struct student s1;
scanf("%ld", &s1.num);
scanf("%s", s1.name);
scanf("%d", & s1.age);
scanf("%s", s1.department);
scanf("%d", &s1.grade[0]);
```

也可以:

```
scanf("%ld %s %d %s %d %d%d", &s1.num, s1.name, &s1.age, s1.department,
        &s1.grade[0], &s1.grade[1], &s1.grade[2]);
```

（4）同类型结构体变量间的赋值

类型相同的结构体变量之间可以互相赋值,系统将按成员一一对应进行赋值。例如:

```
struct student s1, s2;
s1=s2;
```

练一练

对已经定义好的职工结构体变量 e1 和 e2 进行赋值(方法任选),然后再输出两名职工的信息。

任务7.3　批量学生数据的处理

任务分析

前面的任务中只对两名学生的信息进行了处理,在实际的应用中,学生的人数肯定超过两名,那么如何对大量的结构体类型数据进行处理呢? 本任务引入结构体数组和指针来处理大批量的结构体类型数据。

7.3.1　定义学生结构体数组

本任务要求录入 5 名学生的信息,并将学生的信息显示出来。本任务使用输入和输出语句实现对结构体数组赋值,借助于循环将结构体数组中的元素一个一个地输入,然后再一个一个地输出。另外,学生信息录入时,各数据项之间用空格隔开。解决方法可参考如下程序。

```
# include"stdio.h"
void main()
{
    int i;
    struct student
    {
        long num;              /* 学号 */
        char name[20];         /* 姓名 */
        int age;               /* 年龄 */
        char department[20];   /* 专业班级 */
        int grade[3];          /* 3 门课成绩 */
        int sum;               /* 总分 */
        float ave;             /* 平均分 */
    }s[5];
    printf("输入 5 名学生的信息(学号、姓名、年龄、专业班级、3 门课成绩),以空格分离\n");
    for(i=0; i<5; i++)
        scanf("%ld %s %d %s %d %d%d", &s[i].num, s[i].name, &s[i].age, s[i].
department, &s[i].grade[0], &s[i].grade[1], &s[i].grade[2]);
    printf("学号\t 姓名\t 年龄\t 专业班级\t 成绩 1\t 成绩 2\t 成绩 3\n");
    for(i=0; i<5; i++)
        printf("%ld\t%s\t%d\t%s\t\t%d\t%d\t%d\n", s[i].num, s[i].name, s[i].age, s
[i].department, s[i].grade[0], s[i].grade[1], s[i].grade[2]);
}
```

7.3.2　结构体数组

在 C 语言中,凡具有相同数据类型的数据均可以组成数组。根据同样的原则,具有相同结构体类型的也可以用数组来描述,称为结构体数组,即数组中的每一个元素都是结构体类型变量。在前面的任务中,定义了两个描述学生信息的结构体变量 s1 和 s2,每个结构体变量存放了一名学生的信息。如果定义一个结构数组 s[20]，就可以存放 20 名学生的信息。每个数组元素 s[i]就可以存放一条学生的信息。

1. 结构体数组的定义

定义结构体数组和定义结构体变量完全相似，可以采用直接方式、间接方式和一次性定义的方式。

（1）间接方式

```
struct student              /*结构体类型*/
{
    long num;               /*学号*/
    char name[20];          /*姓名*/
    int age;                /*年龄*/
    char department[20];    /*专业班级*/
    int grade[3];           /*3门课成绩*/
    int sum;                /*总分*/
    float ave;              /*平均分*/
};
struct student s[10];
```

（2）直接方式

```
struct student
{
    long num;               /*学号*/
    char name[20];          /*姓名*/
    int age;                /*年龄*/
    char department[20];    /*专业班级*/
    int grade[3];           /*3门课成绩*/
    int sum;                /*总分*/
    float ave;              /*平均分*/
} s[10];
```

这里定义了一个具有 10 个元素的结构体数组 s，每个元素都是 struct student 类型，这些数组元素在内存中的存放是连续的。数组的存储情况，如图 7.5 所示。

	num	name	age	department	grade[0]	grade[1]	grade[2]
s[0]	1001	"Lin Ying"	33	"软件2班"	90	88	91
s[1]	1002	"Li Ming"	29	"软件2班"	92	90	93
s[2]	1003	"Chen Jun"	30	"软件2班"	90	89	88
...	...	...	...	...	...	...	...
s[10]	1001	"Wang Fang"	46	"软件2班"	86	88	93

图 7.5　结构体数组

（3）一次性方式

```
struct
{
    long num;                    /*学号*/
    char name[20];               /*姓名*/
    int age;                     /*年龄*/
    char department[20];         /*专业班级*/
    int grade[3];                /*3门课成绩*/
    int sum;                     /*总分*/
    float ave;                   /*平均分*/
} s[10];
```

2. 结构体数组的初始化

结构体数组的初始化，即对结构体变量中的各个元素赋初始值。例如：

```
struct student
{
    long num;                    /*学号*/
    char name[20];               /*姓名*/
    int age;                     /*年龄*/
    char department[20];         /*专业班级*/
    int grade[3];                /*3门课成绩*/
    int sum;                     /*总分*/
    float ave;                   /*平均分*/
}s[3]={{1001,"Liu Ying", 20,"软件2班", 90, 88, 91}, {1002, "Li Ming", 19,"软件2班",
87, 88, 92}, {1003, "Chen Jun", 20, "软件2班", 91, 92, 93}};
```

另外，由于在编译时，系统会根据给出初值的结构体常量的个数自动确定数组元素的个数，因此定义数组时，允许元素个数可以不指定，即可以写成以下形式：

```
stud[ ]={{…}, {…} , {…}};
```

3. 结构体数组元素中某一成员的引用

例如，引用 s 数组中第 2 个元素的 num 成员时则写成：s[1].num,其值为 1002,引用该数组第 1 个元素的 name 成员时则写成：s[0].name,其值为"Liu Ying"。

 试一试

问题 7.1　运用结构体数组初始化的方法对学生结构体数组进行赋初值，并将相应信息显示出来。

【程序代码】

```
#include"stdio.h"
void main()
{
    int i;
```

```
    struct student
    {
        long num;
        char name[20];
        int age;
        char department[20];
        int grade[3];
        int sum;
        float ave;
    }s[3]={{1001, "Liu", 20, "软件2班", 90, 88, 91}, {1002, "Li", 19, "软件2班", 87,
        88, 92}, {1003, "Chen", 20, "软件2班", 91, 92, 93}};
    printf("学号\t姓名\t年龄\t专业班级\t成绩1\t成绩2\t成绩3\n");
    for(i=0; i<3; i++)
        printf("%ld\t%s\t%d\t%s\t\t%d\t%d\t%d\n", s[i].num, s[i].name, s[i].age, s[i].
            department, s[i].grade[0], s[i].grade[1], s[i].grade[2]);
}
```

 练一练

定义职工结构体数组,输入5名职工的信息,并将相关信息显示出来。

7.3.3 指向结构体的指针

结构体指针是一个指针变量,它指向一个结构体变量,它的值是该结构体变量所分配的存储区域的首地址。

1. 结构体指针变量定义的一般格式

结构体指针变量定义格式为

struct 结构体名 * 指针变量名

例如:

struct student * p;

表示指针变量p指向一个struct student类型的结构体变量。

2. 结构体指针的初始化

上面定义的结构体指针只说明了指针的类型,并没有确定它的指向,也就是说它是无所指的,必须通过初始化或赋值,把实际存在的某个结构体变量或结构体数组的首地址赋给它,才确定了它的具体指向,才使它与相应的变量或数组联系起来。例如:

struct student s1;
struct student * p=&s1;   /* 边定义边赋初值 */

或

```
struct student * p;              /*先定义再赋初值*/
p=&s1;
```

指向结构体变量的指针,如图7.6所示。

3. 用指针访问结构体变量成员或结构体数组元素成员

一般格式为:

(* 指针名).成员名

例如:

① (* p).num   访问s1结构体变量的num成员

② (* p).grade[0]   访问s1结构体变量的grade[0]成员

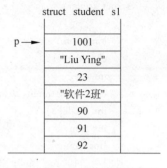

图7.6   指向结构体变量的指针 p

其中,"(* p)"表示p所指向的结构体变量s1,两边的括号是不能缺少的。为了使用方便和直观,(* p).num 也可以表示为 p—>num,用一个减号"—"和一个大于号">"这两个字符组成指向运算符。

因此,下面3种访问结构体变量中的成员的方法是等价的。

s1.成员名
(* p).成员名
p—>成员名

4. 指向结构体数组的指针

指针也可以指向一个结构体数组,即将该数组的起始地址赋值给此指针变量。

 试一试

问题7.2   使用结构体指针录入5名学生的信息,并将学生的信息显示出来。

【程序代码】

```
#include"stdio.h"
#define N 5                /*学生人数*/
struct student            /*定义结构体类型*/
{
    long num;
    char name[20];
    int age;
    char department[20];
    int grade[3];
    int sum;
    float ave;
}e[N], * p;               /*定义结构体数组和结构体指针*/
void main()
{
    int i;
```

```
        p＝e;                    /＊将指针指向结构体数组＊/
        printf("请输入5名学生的信息:\n");
        for(i=0; i<N; i++)
        {
            scanf("%ld %s %d %s %d %d%d", &p->num, p->name, &p->age, p->
                department, &p->grade[0], &p->grade[1], &p->grade[2]);
            p++;
        }
        printf("学生的信息为\n");
        p＝e;                    /＊将指针指向结构体数组＊/
        printf("学号\t姓名\t年龄\t专业班级\t成绩1\t成绩2\t成绩3\n");
        for(i=0; i<N; i++)
        {
            printf("%ld\t%s\t%d\t%s\t\t%d\t%d\t%d\n", p->num, p->name, p->age,
                p->department,
            p->grade[0], p->grade[1], p->grade[2]);
            p++;
        }
    }
```

【说明】

（1）为了使操作方便,学生的人数定为5人。

（2）在程序中,定义了结构体数组e和指向结构体数组的指针 p,首先将数组的首地址赋给了指针p,在第一次循环时,输出 e[0] 的各个成员值,然后执行 p++,p指向数组的下一个元素;第二次 循环时,输出 e[1] 的各个成员值,以此类推,直到循环结束。其过 程如图 7.7 所示。

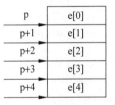

图 7.7 指向结构体数组 的指针 p

问题 7.3 为什么程序中有两行"p＝e",它们的作用分别是什么?

分析:第一次使用 p＝e,把数组的首地址赋给了 p,即 p 指向数组中的第一个元素; 第二次使用 p＝e,是因为经过第一个循环语句后,p 的值为 p+5,指向了数组外的元素, 所以需要将 p 重新指向数组中的第一个元素,再次使用了 p＝e。

定义职工结构体数组,运用指针方法输入5名职工的信息,并将相关信息显示出来。

任务7.4 统计学生成绩

在前面的任务中,已经完成了使用结构体对学生信息数据进行定义,并将学生的相关信息保存在计算机中,现在就可以对学生的数据进行处理和统计了,比如统计每位学生的总分和平均分,输出总分最高分和最低分的学生信息,以及增加和删除学生记录等。本任务要求调用函数计算每位学生的总分和平均分,并输出总分最高的学生的信息输出。

7.4.1 计算学生的总分和平均分

结构体数据是可以在函数之间进行传递的,方法有多种。在本任务中,将结构体指针和结构体数组名作为函数的参数,设计函数完成计算学生的总分及平均分的任务。解决方法可参考如下程序。

```c
# include"stdio.h"
# define N 5                     /* 学生的人数 */
struct student
{
    long num;                    /* 学号 */
    char name[20];               /* 姓名 */
    int age;                     /* 年龄 */
    char department[20];         /* 专业班级 */
    int grade[3];                /* 3 门课成绩 */
    int sum;                     /* 总分 */
    float ave;                   /* 平均分 */
};
/* 计算每位学生总分及平均分,结构体指针做参数,n 为数组的大小 */
void get_sumave(struct student * p, int n)
{
    int i, j;
    for(i=0; i<n; i++)
    {
        p->sum=0;
        for(j=0; j<3; j++)
            p->sum=p->sum+p->grade[j];
        p->ave=p->sum/3.0;
        p++;
    }
}
void main()
{
    int i;
    struct student s[N];
    printf("输入%d 名学生的信息(学号、姓名、年龄、专业班级、3 门课成绩),以空格分隔\n", N);
    for(i=0; i<N; i++)
        scanf("%ld %s %d %s %d %d%d", &s[i].num, s[i].name, &s[i].age, s[i].department, &s[i].grade[0], &s[i].grade[1], &s[i].grade[2]);
    get_sumave(s, N);            /* 数组名做实参 */
    printf("学生的信息为\n");
    printf("学号\t 姓名\t 年龄\t 专业班级\t 成绩 1\t 成绩 2\t 成绩 3\t 总分\t 平均分\n");
    for(i=0; i<N; i++) printf("%ld\t%s\t%d\t%s\t\t%d\t%d\t%d\t%d\t%.2f\n",
```

```
        s[i].num, s[i].name, s[i].age, s[i].department, s[i].grade[0], s[i].grade[1], s
        [i].grade[2], s[i].sum, s[i].ave);
}
```

【说明】

函数的形参结构体指针,实参都是数组名,传递的是数组的首地址。

7.4.2　输出总分最高的学生信息

本任务是设计一个函数,实现输出总分最高的学生信息,要求函数的返回值是结构体类型。

结构体类型作为函数的返回值的一般格式为:

结构体类型名 函数名(…)
{
　　函数体
}

运用这种方法设计函数,输出总分最高学生的信息。解决方法可参考如下程序。

```
#include"stdio.h"
#define N 5                      /*学生的人数*/
struct student{
    long num;                    /*学号*/
    char name[20];               /*姓名*/
    int age;                     /*年龄*/
    char department[20];         /*专业班级*/
    int grade[3];                /*3门课成绩*/
    int sum;                     /*总分*/
    float ave;                   /*平均分*/
};
    /*计算每位学生总分及平均分,结构体指针作为参数,n为数组的大小*/
void get_sumave(struct student * p, int n)
{
    int i, j;
    for(i=0; i<n; i++)
    {
        p->sum=0;
        for(j=0; j<3; j++)
            p->sum=p->sum+p->grade[j];
            p->ave=p->sum/3.0;
            p++;
    }
}
/*输出总分最高学生的信息*/
struct student get_max(struct student em[], int n)
{
    float large=0;               /*记录当前的最高总分*/
    int flag=0;                  /*记录当前最高总分在数组中的下标值*/
    struct student temp;
```

```
        for(int i=0; i<n; i++)        /*找出最高总分在数组中的下标值*/
            if(large<em[i].sum)
            {
                large=em[i].sum;
                flag=i;
            }
            temp=em[flag];
            return temp;
}
void main()
{
    int i;
    struct student s[N], stu;
    printf("输入%d名学生的信息(学号、姓名、年龄、专业班级、3门课成绩),以空格分隔\n",
        N);
    for(i=0; i<N; i++)
        scanf("%ld %s %d %s %d %d%d", &s[i].num, s[i].name, &s[i].age, s[i].
            department, &s[i].grade[0], &s[i].grade[1], &s[i].grade[2]);
    get_sumave(s, N);              /*数组名作为实参*/
        printf("学生的信息为\n");
        printf("学号\t姓名\t年龄\t专业班级\t成绩1\t成绩2\t成绩3\t总分\t平均分\n");
            for(i=0; i<N; i++)
            printf("%ld\t%s\t%d\t%s\t\t%d\t%d\t%d\t%d\t%.2f\n", s[i].num, s[i].
                name, s[i].age, s[i].department, s[i].grade[0], s[i].grade[1], s[i].
                grade[2], s[i].sum, s[i].ave);
    stu=get_max(s, N);
    printf("总分最高的学生信息为:\n");
    printf("学号\t姓名\t年龄\t专业班级\t成绩1\t成绩2\t成绩3\t总分\t平均分\n");
    printf("%ld\t%s\t%d\t%s\t\t%d\t%d\t%d\t%d\t%.2f\n", stu.num, stu.name,
        stu.age, stu.department, stu.grade[0], stu.grade[1], stu.grade[2], stu.
        sum, stu.ave);
}
```

 练一练

在职工工资管理系统中,输出工资最高和最低的职工信息。

任务7.5　增加和删除学生记录

 任务分析

在学生成绩管理系统中,实现将一名新学生的信息插入指定位置以及将指定位置的学生记录删除的功能。

7.5.1　增加学生记录

在学生记录中的指定位置插入一名新学生的信息,假设插入到第 i 个位置,共有 N 名学生,设计思路如下。

(1) 首先将第 i 个位置到第 N 个位置的学生往后挪一个位置,空出第 i 个位置。

(2) 然后将新学生的信息放入到第 i 个位置即可。

解决方法可参考如下程序。

```
#include"stdio. h"
#define N 10                            /*学生最多人数*/
int m;                                  /*学生实际人数*/
struct student
{
    long num;
    char name[20];
    int age;
    char department[20];
    int grade[3];
    int sum;
    float ave;
};

/*在第 i 个位置插入一名新学生 t*/
void insert(struct student em[], int n, int i, struct student t)
{
    for(int j=n-1; j>=i-1; j--)/*将数据向后移*/
        em[j+1]=em[j];
    em[i-1]=t;                          /*插入新学生*/
    m++;                                /*学生总数加 1*/
}
void main()
{
    int i, l;
    struct student s[N], stu, s1;
    printf("输入学生人数:\n");
    scanf("%d", &m);
    printf("输入%d 名学生的信息(学号、姓名、年龄、专业班级、3 门课成绩),以空格分离\n", m);
    for(i=0; i<m; i++)
        scanf("%ld %s %d %s %d %d%d", &s[i].num, s[i].name, &s[i].age, s[i].
            department, &s[i].grade[0], &s[i].grade[1], &s[i].grade[2]);
    printf("学生的信息为\n");
    printf("学号\t 姓名\t 年龄\t 专业班级\t 成绩 1\t 成绩 2\t 成绩 3\n");
    for(i=0; i<m; i++)
        printf("%ld\t%s\t%d\t%s\t\t%d\t%d\t%d\n", s[i].num, s[i].name, s[i].age,
            s[i].department, s[i].grade[0], s[i].grade[1], s[i].grade[2]);
    printf("请输入要插入的位置:\n");
    scanf("%d", &l);
    printf("请输入新学生的信息:\n");
    scanf("%ld %s %d %s %d %d %d", &s1.num, s1.name, &s1.age, s1.department, &s1.
        grade[0], &s1.grade[1], &s1.grade[2]);
    insert(s, m, l, s1);         /*插入学生*/
    printf("插入后学生的信息为\n");
```

```
        printf("学号\t 姓名\t 年龄\t 专业班级\t 成绩 1\t 成绩 2\t 成绩 3\n");
        for(i=0; i<m; i++)
            printf("%ld\t%s\t%d\t%s\t\t%d\t%d\t%d\n", s[i].num, s[i].name, s[i].age,
                   s[i].department, s[i].grade[0], s[i].grade[1], s[i].grade[2]);
    }
```

7.5.2　删除学生记录

在学生记录中,删除指定位置的学生的信息,假设删除第 i 名学生,共有 N 名学生,设计思路如下。

将第 i+1 名到第 N 名的学生的记录往前挪一个位置即可。

解决方法可参考如下程序。

```
#include"stdio.h"
#define N 10                        /*学生最多人数*/
int m;                              /*学生实际人数*/
struct student
{
    long num;
    char name[20];
    int age;
    char department[20];
    int grade[3];
    int sum;
    float ave;
};
/*在第 i 个位置插入一名新学生 t*/
void insert(struct student em[], int n, int i, struct student t)
{
    for(int j=n-1; j>=i-1; j--)/*将数据向后移*/
        em[j+1]=em[j];
    em[i-1]=t;                      /*插入新学生*/
    m++;                            /*学生总数加 1*/
}
    /*删除第 i 名学生*/
    void dele(struct student em[], int n, int i)
    {
        for(int j=i; j<n; j++)      /*将数据向前移*/
            em[j-1]=em[j];
        m--;                        /*学生总数减少 1*/
    }
    void main()
    {
        int i, l;
        struct student s[N], stu, s1;
        printf("输入学生人数:\n");
        scanf("%d", &m);
        printf("输入%d 名学生的信息(学号、姓名、年龄、专业班级、3 门课成绩),以空格分隔\
```

```
                    n", m);
                for(i=0; i<m; i++)
                    scanf("%ld %s %d %s %d %d%d", &s[i].num, s[i].name, &s[i].age,s[i].
                            department, &s[i].grade[0], &s[i].grade[1], &s[i].grade[2]);
                printf("学生的信息为\n");
                printf("学号\t 姓名\t 年龄\t 专业班级\t 成绩1\t 成绩2\t 成绩3\n");
                for(i=0; i<m; i++)
                printf("%ld\t%s\t%d\t%s\t\t%d\t%d\t%d\n", s[i].num, s[i].name, s[i].age, s
                    [i].department, s[i].grade[0], s[i].grade[1], s[i].grade[2]);
                printf("请输入要插入的位置:\n");
                scanf("%d", &l);
                printf("请输入新学生的信息:\n");
                scanf("%ld %s %d %s %d %d %d", &s1.num, s1.name, &s1.age, s1.department,
                            &s1.grade[0], &s1.grade[1], &s1.grade[2]);
                insert(s, m, l, s1);
                printf("插入后学生的信息为\n");
                printf("学号\t 姓名\t 年龄\t 专业班级\t 成绩1\t 成绩2\t 成绩3\n");
                for(i=0; i<m; i++)
                printf("%ld\t%s\t%d\t%s\t\t%d\t%d\t%d\n", s[i].num, s[i].name, s[i].age, s
                    [i].department, s[i].grade[0], s[i].grade[1], s[i].grade[2]);
                printf("请输入要删除的位置:\n");
                scanf("%d", &l);
                dele(s, m, l);
                printf("删除后的信息为\n");
                for(i=0; i<m; i++)
                printf("%ld\t%s\t%d\t%s\t\t%d\t%d\t%d\n", s[i].num, s[i].name, s[i].age,
                    s[i].department, s[i].grade[0], s[i].grade[1], s[i].grade[2]);
            }
```

（1）完成职工工资管理系统中的职工记录的增加和删除。

（2）自行实现,将学生成绩单按照总分从大到小的顺序排列输出。

习 题 7

1. 选择题

（1）已知:

```
    struct
    {
        float f;
        int num;
        char c;
    }s;
```

则 sizeof(s)的值是(　　　)。

    A. 4   B. 5   C. 6   D. 7

(2) 已知：

```
struct example
{
    long num;
    char c;
    int j;
}e;
```

则下面叙述中不正确的是(　　　)。

    A. struct example 是结构体类型   B. num，c，j 是结构体成员名

    C. struct 是结构体类型的关键字   D. e 是结构体类型名

(3) 有以下定义：

```
struct
{
    int a;
    int b;
}s1, * p;
p=&s1;
```

则对 s1 中的 b 成员的访问正确的是(　　　)。

    A. * (p).s1.b   B. p—>b

    C. p—>s1.b   D. p.s1.b

(4) 当说明一个结构体变量时系统分配给它的内存是(　　　)。

    A. 各成员所需内存的总和   B. 结构中最后一个成员所需内存量

    C. 结构中第一个成员所需内存量   D. 成员中占内存量最大者所需的容量

(5) 若有以下程序段：

```
int a=1, b=2, c=3;
struct example1
{
    int x;
    int * y;
} e[3]={{1001, &a}, {1002, &b}, {1003, &c}};
void main()
{
    struct example1 * p;
    p=e; …
}
```

则以下表达式值为 2 是(　　　)。

    A. (p++)—>y   B. * (p++)—>y

    C. (* p).y   D. * (++p)—>y

（6）设有如下定义：

```
struct st
{
    float a;
    int b;
} d;
int * p;
```

若要使 p 指向 d 中的 a 域，正确的赋值语句是（　　　）。

　　A．p=&a　　　　　　　　　　　B．p=d.a

　　C．p=&d.a　　　　　　　　　　D．* p=d.a

（7）有如下定义：

```
struct person
{
    char name[10];
    int age;
};
struct person class[4]={"Johu",17,"Paul",19,"Mary",18,"Adam",16};
```

根据上述定义，能输出字母 M 的语句是（　　　）。

　　A．printf("%c\n",class[3].name);

　　B．printf("%c\n",class[3].name[1]);

　　C．printf("%c\n",class[2].name[1]);

　　D．printf("%c\n",class[2].name[0]);

（8）设有如下定义：

```
struct ss
{
    char name[10];
    int age;
    char sex;
} std[3], * p=std;
```

下面各输入语句中错误的是（　　　）。

　　A．scanf("%d",&(* p).age);

　　B．scanf("%s",&std.name);

　　C．scanf("%c",&std[0].sex);

　　D．scanf("%c",&(p->sex));

（9）有如下代码：

```
#include <stdio.h>
struct stu
{ char num[10];
    float score[3];
} s[3]={{"20021",90,95,85},{"20022",95,80,75},{"20023",100,95,90}};
```

```
main()
{
    struct stu * p=s;
    int i;
    float sum=0;
    for (i=0;i<3;i++)
    sum=sum+p->score[i];
    printf("%6.2f\n",sum);
}
```

程序运行后输出结果是(   )。

    A. 260.00   B. 270.00

    C. 280.00   D. 285.00

2. 编程题

(1) 现有 4 名用户的信息,包括姓名、年龄、电话、籍贯,其信息分别为:{"Liu", 34, "5643213", "Guangzhou"}、{"Xu", 27, "2113456", "Shanghai"}、{"Zhang", 26, "2201100", "Wuhan"}、{"Yang", 33, "6201101", "Shenzhen"},请编程按照他们的姓名降序进行输出显示。

(2) 利用结构体类型编写一个程序,实现以下功能:根据输入的日期(年,月,日),求出这天是该年的第几天;根据输入的年份和天数,求出对应的日期。

文件的操作

 项目要点

- 文件的概念以及文件类型指针
- 文件的打开和关闭
- 文件的读写

 学习目标

- 掌握文件类型指针的定义方法
- 掌握文件打开和关闭的方法
- 熟悉文件的读写方法

 工作任务

在项目 7 的学生成绩管理系统中,所涉及的数据量是比较大的,而每次运行程序时都需要通过键盘输入数据,非常麻烦,并且程序处理的结果也只能显示在屏幕上,无法保存。能否将输入、输出的数据以磁盘文件的形式存储起来?那样处理大批量数据的输入和输出问题将会变得十分方便。本项目就来解决这个问题。

 引导问题

(1) 如何定义文件指针?
(2) 如何实现文件的打开和关闭?
(3) 如何将从键盘上输入的信息保存到文件中?
(4) 如何将文件中的数据导入到程序中?

任务 8.1　文件类型指针变量的定义

 任务分析

学生成绩管理系统中所涉及的数据量是很大的,而且每次运行程序时都必须通过键盘将数据重新输入,非常麻烦,如何减少如此多的重复输入劳动呢? 解决这个问题的方法就是使用文件,将输入的数据和输出的结果用文件保存起来,这将会大大减少输入的工作量,而且输出的结果也可以长期保留。本任务要求掌握实现文件类型指针变量的定义,熟悉 C 语言中对文件的定义,以及对文件的操作方法和操作步骤。

8.1.1　文件

1. 文件的概念

文件是一组相关数据的有序集合。每一个文件都有一个唯一的文件名。文件是外存中保存信息的最小单位。文件这个概念,对人们来说并不陌生,在前面的学习中已经使用多次,例如,源程序文件、目标文件、可执行文件、库文件(头文件)等。文件通常是驻留在外部介质(如磁盘等)上的,在使用时才被调入到内存中来。

2. 文件的分类

在 C 语言中,文件被看成是由一个一个地字符或字节组成的。根据数据的组织形式,文件可分为文本文件和二进制文件两种。

文本文件又被称为 ASCII 文件,文本文件在磁盘中存放时每个字符对应一个字节,用于存放其对应的 ASCII 码。文本文件可在屏幕上按字符显示,例如,源程序文件就是文本文件。由于文本文件在输出时能以字符形式显示文件的原有内容,因此能读懂文件内容,但它占用的存储空间也比较大。

二进制文件是将数据转换成二进制形式后存储起来的文件。二进制文件虽然也可在屏幕上显示,但其内容无法读懂。但它保持了数据在内存中存放的原有格式,由于二进制文件可以不经过转换直接和内存通信,因此处理起来速度较快。

例如,整数 567 的存储形式如图 8.1 所示。

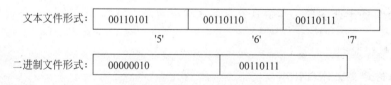

图 8.1　整数 567 的存储方式

3. 文件的处理

对文件的处理通常有以下 3 个步骤。
(1) 打开指定的文件。
(2) 对文件进行读写。
(3) 关闭文件。

8.1.2 文件指针

对文件进行操作,需要使用文件指针。文件指针指向描述当前处理文件信息的结构变量,当文件指针与某个文件连接后,用户就可以通过文件指针对文件进行各种操作,而不是通过文件名了。文件指针是一种结构体类型变量,C语言编译系统已将结构体定义好,并命名为FILE,直接使用它的定义即可。FILE存放了文件名、文件状态标志及缓冲区大小等信息。FILE是一个类型名,它已经在头文件stdio.h中声明。

定义文件指针变量的一般格式为:

FILE *指针变量标识符;

8.1.3 定义文件指针变量

定义一个文件指针变量。

FILE *fp;

fp是一个指向FILE类型结构体的指针变量。可以让fp指向某一个文件的结构体变量,从而通过该结构体变量中的文件信息能够访问该文件。也就是说,通过文件指针变量能够找到与它相关的文件。

任务8.2 文件的打开和关闭

 任务分析

对文件进行操作时,首先要定义文件指针,并将其与要操作的文件连接起来,这就需要将"文件打开";使用完文件后,还需要将"文件关闭",防止数据的丢失。本任务为将录入的学生信息放入到文件student.txt,实现对该文件的打开和关闭。

8.2.1 打开学生信息的写入文件

在学生成绩管理系统中,将从键盘上录入的学生信息写入到文本文件student.txt文件中。首先,要打开该文件。解决方法可参考如下程序。

```
FILE *fp;
if((fp=fopen("d:\\student.txt", "w")==NULL)
{
    printf("\n error on open myfile.txt!");
    exit(0);
}
```

8.2.2 打开文件

打开文件要使用库函数fopen(),其调用的一般格式为:

fopen(文件名及路径,使用文件方式);

其中,第一个参数是要打开的文件名,是一个字符串常数或字符型数组,文件名可以带路径;第二个参数是表示文件的读写方式,具体说明见表8.1。

表8.1　文件使用方式一览表

文件使用方式	意　义
"r"(只读)	以只读方式打开一个文本文件,只允许读数据,该文件必须存在
"w"(只写)	以只写方式打开或创建一个文本文件,只允许写数据
"a"(追加)	以追加方式打开一个文本文件,并在文件末尾写入数据
"rb"(只读)	以只读方式打开一个二进制文件,只允许读数据,该文件必须存在
"wb"(只写)	以只写方式打开或建立一个二进制文件,只允许写数据
"ab"(追加)	以追加方式打开一个二进制文件,并在文件末尾写数据
"r+"(读写)	以读写方式打开一个文本文件,允许读和写,该文件必须存在
"w+"(读写)	以读写方式打开或建立一个文本文件,允许读和写
"a+"(读追加)	以读追加方式打开一个文本文件,允许读,或在文件末追加数据
"rb+"(读写)	以读写方式打开一个二进制文件,允许读和写,该文件必须存在
"wb+"(读写)	以读写方式打开或建立一个二进制文件,允许读和写
"ab+"(读追加)	以读追加方式打开一个二进制文件,允许读,或在文件末追加数据

如果成功地打开了文件,则返回一个指向该文件的 FILE 类型的指针。如果打开失败,则返回 NULL。例如:

fp=fopen("d:\\c\\myfile.txt", "r");

其意义是以"r"只读方式,打开 d:盘 c 目录下的 myfile.txt 文件,fp 指向该文件。

另外,打开文件后常会做一些文件读取或写入的动作,如果打开文件失败,接下来的读写动作也无法顺利进行,所以一般在 fopen()后常作错误判断及处理。因此常用以下程序段打开文件:

```
if((fp=fopen("d:\\c\\myfile.txt", "r")==NULL)
{
    printf("\n error on open myfile.txt!");
    exit(0);
}
```

这段程序的意义是,如果返回的指针为空,表示不能打开文件,则给出提示信息"error on open myfile.txt!",然后执行 exit(0)退出程序。需要说明的是 exit(),包含在头文件"stdlib.h"中。

8.2.3　关闭文件

关闭文件要使用库函数 fclose(),其调用的一般格式为:

fclose(文件指针)

功能是关闭文件指针所指向的文件,该函数比较简单。例如:

```
fclose(fp);
```

在程序设计中,为了防止数据的丢失,要养成关闭文件的好习惯。

任务8.3 文件的读写

 任务分析

对文件的处理一般要经过 3 个步骤,前面已经学会了打开和关闭文件的方法,接着就要使用文件,对文件进行读或写。"读"操作是将数据从文件读取到程序中;"写"操作是将程序中的数据写入到文件中。本任务要求实现文件的读写,在学生成绩管理系统中,将从键盘上录入的学生信息写入到文件 student. txt 中去,然后再从文件中将数据读出并进行统计和处理。

8.3.1 保存学生信息到文件

改进学生成绩管理系统,将从键盘上录入的学生信息写入到文件 student. txt 中去,然后再从文件中将数据读出并进行统计和处理。

(1) 首先将从键盘上接收的学生信息,写入到文件 student. txt 中。

解决方法可参考如下程序。

```
#include"stdio. h"
#include"stdlib. h"
#define N 3
struct student
{
    long num;
    char name[20];
    int age;
    char department[20];
    int grade[3];
};
void main()
{
    struct student s[10];
    FILE * fp;
    int i;
    if((fp=fopen("d:\\student. txt", "w"))==NULL)/* 打开文件 */
    {
        printf("Can not open file!");
        exit(0);
    }
    printf("输入%d 名学生的信息(学号、姓名、年龄、专业班级、3 门课成绩),以空格分隔\n",
      N);
```

```
        for(i=0; i<N; i++)
        {
            scanf("%ld %s %d %s %d %d %d", &s[i].num, s[i].name, &s[i].age, s[i].
                department, &s[i].grade[0], &s[i].grade[1], &s[i].grade[2]);
            fprintf(fp, "%ld %s %d %s %d %d %d", s[i].num, s[i].name, s[i].age, s[i].
                department, s[i].grade[0], s[i].grade[1], s[i].grade[2]);
                fprintf(fp, "\n");                    /* 向文件中每条学生记录的后面写上换行 */
        }
        fclose(fp);
    }
```

【说明】

fprintf()函数在写入数据时，数据是不会自动换行的，所以必须要加入'\n'，来达到换行的目的。

（2）从 student.txt 文件读取数据，然后在屏幕上显示。

解决方法可参考以下程序。

```
#include"stdio.h"
#include"stdlib.h"
#define N 3
struct student
{
    long num;
    char name[20];
    int age;
    char department[20];
    int grade[3];
    int sum;
    float ave;
};
void main()
{
    struct student s[10];
    FILE *fp;
    int i;
    if((fp=fopen("d:\\student.txt", "r"))==NULL) /* 打开文件 */
    {
        printf("Can not open file!");
        exit(0);
    }
    printf("从文件中读取学生信息:\n");
    printf("学号\t姓名\t年龄\t专业班级\t成绩1\t成绩2\t成绩3\n");
    /* 从文件 student.txt 读取学生信息，然后显示在屏幕上 */
    for(i=0; i<N; i++)
    {
        fscanf(fp, "%ld %s %d %s %d %d %d", &s[i].num, s[i].name, &s[i].age, s[i].
            department, &s[i].grade[0], &s[i].grade[1], &s[i].grade[2]);
```

```
        printf("%ld\t%s\t%d\t%s\t\t%d\t%d\t%d\n", s[i].num, s[i].name, s[i].age,
            s[i].department, s[i].grade[0], s[i].grade[1], s[i].grade[2]);
    }
    fclose(fp);
}
```

之后即可以对从文件中读取的数据进行统计和处理,方法同项目7。

8.3.2　文件的读写函数

在 C 语言中提供了多种文件读写的函数。

(1) 字符读写函数:fgetc()和 fputc()。

(2) 字符串读写函数:fgets()和 fputs()。

(3) 数据块读写函数:fread()和 fwrite()。

(4) 格式化读写函数:fscanf()和 fprintf()。

使用以上函数都要求包含头文件 stdio.h。

1. 字符读写函数:fgetc()和 fputc()

(1) fgetc()函数用于从指定的文件中读出一个字符。

一般格式为:

字符变量＝fgetc(文件指针);

功能:从指定的文件中读取一个字符到字符变量中。

(2) fputc()函数用于把一个字符写入到指定文件中。

一般形式为:

fputc(字符变量,文件指针);

功能:将字符变量写入到指定的文件中去。

2. 字符串读写函数:fgets()和 fputs()

(1) fgets()函数将从指定的文件中读入一个字符串,然后存入到字符数组中。

一般格式为:

fgets(str, n, fp)

功能:从 fp 所指向的文件中读取 n−1 个字符,再装配上字符串结束符'\0'后存入到 str 字符数组中。若执行成功,则返回 str 的值;否则,返回 0。

(2) fputs()函数将一个字符串(不包括字符串结束符)写入到指定的文件。

一般格式为:

fputs(str, fp)

功能:将 str 写入到 fp 所指向的文件中。其中 str 是一个字符串形式,既可以是字符数组名,也可以是指向字符串的指针,还可以是字符串常量。如果函数执行成功,则返回非零值；否则,返回 0。

3. **数据块读写函数**：fread()和 fwrite()

(1) fread()函数从指定的文件中读入一组数据。

一般格式为：

fread(buffer, size, count, fp)

功能：从 fp 指向的文件的当前位置开始,读取 count 次,每次为数据的大小,放到 buffer 所指向的地址空间。

(2) fwrite()函数将一组数据写入到指定的文件中。

一般格式为：

fwrite(buffer, size, count, fp)

功能：是将 buffer 指针所指的缓冲区中取出长度为 size 个字节,连续取 count 次,写到 fp 指向的文件中去。当调用成功时,返回实际写入的数据项数,否则返回零值。

4. **格式化读写函数**：fscanf()和 fprintf()

(1) fscanf()函数是格式化输入函数。

一般格式为：

fscanf(文件指针,格式控制串,输入项表)

功能：按照"格式控制串"所指定的输入格式,从指定文件中读出数据,然后再按照输入项地址表列的顺序,存入到相应的存储单元中。例如：

fscanf(fp, "%d%s", &num, name);

其意义是从 fp 所指向文件中读出一个整数放入 num 中,再读出一个字符串放到 name 中。

(2) fprintf()函数是格式化输出函数。

一般格式为：

fprintf(文件指针,格式控制串,输出项表);

功能：把输出项表中的项,按照"格式控制串"的格式写入到指定的文件中去。例如：

fprintf(fp, "%d%c", num, c);

其意义是把 num 和 c 分别按照整型和字符型的格式写入到 fp 所指的文件中去。

fscanf()和 fprintf()函数与前面学习过的 scanf()和 printf()函数的功能相似,都是格式化读写函数。它们的区别在于 fscanf()函数和 fprintf()函数的读写对象是磁盘文件,而 scanf()和 printf()函数的读写对象是键盘和显示器。

试一试

问题 8.1 从键盘输入一行字符，将其写入到 d:\myfile. txt 文件中，再把该文件的内容在屏幕上显示出来。

分析：

（1）以"w"方式，打开文件 d:\myfile. txt。

（2）从键盘上接收字符，写入到 d:\myfile. txt 中。

（3）关闭文件。

（4）以"r"方式，打开文件 d:\myfile. txt。

（5）从 d:\myfile. txt 文件中读出数据，显示到屏幕上。

（6）关闭文件。

【程序代码】

```
#include"stdio. h"
#include"stdlib. h"                          /* exit()函数包含在该文件中 */
void main()
{
    FILE * fp;
    char c;
    if((fp=fopen("d:\\myfile.txt", "w"))==NULL)   /* 打开文件 */
    {
        printf("Can not open file!");
        exit(0);
    }
    printf("请输入一行字符,以#结束\n");
    c=getchar();
    while(c!='#')                             /* 从键盘上接收字符写入到文件中 */
    {
    fputc(c, fp);
    c=getchar();
    }
    fclose(fp);                               /* 关闭文件 */
    if((fp=fopen("d:\\myfile.txt", "r"))==NULL)  /* 打开文件 */
    {
        printf("Can not open file!");
        exit(0);
    }
    while((c=fgetc(fp))!=EOF)                  /* 从文件中读出数据显示在屏幕上 */
        putchar(c);
    fclose(fp);                               /* 关闭文件 */
}
```

【说明】

（1）EOF 是文件结束标志，它的值是 -1，EOF 在头文件 stdio. h 中声明。

（2）在二进制文件中，没有设置 EOF 标志，因为某一个数值的二进制可能为 -1，因此不能用 -1 作为二进制文件的结束标志，判断二进制文件的结束使用函数 feof()，注意函数 feof()同样也适合用于判断文本文件的结束。

一般格式为：

feof(fp);

从一个二进制文件中的读出数据,则可以写成：

```
while(!feof(fp))
{
    c=fgetc(fp);
    ...
}
```

当文件没结束时,feof(fp)的值为 0；当文件结束时,feof(fp)的值为 1,此时 while 循环停止执行。

对职工工资管理系统进行改写,从键盘录入职工信息,写入到 employee.txt 文件中,然后再从文件 employee.txt 中读取信息,显示在屏幕上。

习 题 8

1. 选择题

(1) C 语言可以处理的文件类型是(   )。

    A. 数据文件和二进制文件   B. 数据文件和文本文件

    C. 二进制文件和文本文件   D. 以上答案都不对

(2) 以追加方式打开一个已有的文本文件 myfile.txt,fopen 的正确调用方式是(   )。

    A. FILE *fp; fp=fopen("myfile.txt","r");

    B. FILE *fp; fp=fopen("myfile.txt", "a");

    C. FILE *fp; fp=fopen("myfile.txt","a+");

    D. FILE *fp; fp=fopen("myfile.txt", "r+");

(3) fp 指向某个文件,如果读取该文件时已读到文件的末尾了,则函数 feof(fp)的返回值是(   )。

    A. 0   B. −1   C. NULL   D. 非零值

(4) 系统的标准输入文件是(   )。

    A. 键盘   B. 硬盘   C. 显示器   D. U 盘

(5) 在 C 语言中,可以把一个实数写入到文件中的函数是(   )。

    A. fputc()   B. fputs()   C. fprintf()   D. fgetc()

(6) 利用 fopen (fname, mode)函数实现的操作不正确的是(   )。

    A. 正常返回被打开文件的文件指针,若执行 fopen()函数时发生错误,则函数

返回 NULL

    B. 若找不到由 pname 指定的相应文件,则按指定的名字建立一个新文件

    C. 若找不到由 pname 指定的相应文件,且 mode 规定按读方式打开文件则产生错误

    D. 为 pname 指定的相应文件开辟一个缓冲区,调用操作系统提供的打开或建立新文件功能

(7) 若要用 fopen()函数打开一个新的二进制文件,该文件要既能读也能写,则文件方式字符串应是(   )。

    A. "ab+"   B. "wb+"   C. "rb+"   D. "ab"

(8) 利用 fread(buffer,size,count,fp)函数可实现的操作(   )。

    A. 从 fp 指向的文件中,将 count 个字节的数据读到由 buffer 指定的数据区中

    B. 从 fp 指向的文件中,将 size*count 个字节的数据读到由 buffer 指定的数据区中

    C. 以二进制形式读取文件中的数据,返回值是实际从文件读取数据块的个数 count

    D. 若文件操作出现异常,则返回实际从文件读取数据块的个数

(9) 若要打开 a 盘上 user 子目录下名为 abc.txt 的文本文件进行读、写操作,下面符合此要求的函数调用是(   )。

    A. fopen("a:\\user\\abc.txt","r")   B. fopen("a:\\user\\abc.txt","r+")

    C. fopen("a:\\user\\abc.txt","rb")   D. fopen("a:\\user\\abc.txt","w")

(10) 执行函数 fopen("abc.txt","w+")的含义是(   )。

    A. 以读的方式打开一个文件   B. 以写的方式打开一个文件

    C. 创立一个既可读又可写的文件   D. 创立一个只可写的文件

2. 编程题

(1) 从键盘输入一个字符串,将小写字母全部转换成大写字母,然后输出到一个磁盘文件 test 中保存。输入的字符串以！结束。

(2) 有两个磁盘文件 A 和 B,各存放一行字母,要求把这两个文件中的信息合并(按字母顺序排列),输出到一个新文件 C 中。

(3) 有五个学生,每个学生有 3 门课的成绩,从键盘输入以上数据(包括学号,姓名,三门课成绩),计算出平均成绩,将原有的数据和计算出的平均分数存放在磁盘文件 stud 中。

综合项目

工作任务

随着计算机技术的飞速发展和计算机在企业管理中应用的普及,利用计算机实现企业人事管理势在必行。本任务的目标就是开发一个功能实用、操作方便,简单明了的人事管理系统。

能够录入人事方面的基本资料,在操作上能够完成诸如添加、修改、删除、按各种条件进行查询、新用户的设置等方面的工作,基本满足人事日常业务的需要。

该系统功能如下。

1. 管理系统

录入职工信息:添加多个职工的基本信息,包括职工工号、职位、姓名、性别、文化程度、工资和身体情况等。每添加完一个职工的基本信息后,由系统提示是否继续录入。

显示职工信息:要能够把职工信息以报表的形式全部显示。

修改职工信息:要能够把职工的基本信息进行修改。

追加职工信息:可以在新职工进入公司时,随时把新职工信息追加进来。

删除职工信息:在职工离开公司的时候,可以通过系统把职工的信息删除。

统计职工信息:能够对职工基本信息进行分类统计,可以分别从性别、文化程度、职位进行统计。

2. 查询系统

能够通过姓名查询职工的基本信息。

3. 通信录系统

输入通信录信息:通信录的信息可以包括职工姓名、电话号码、家庭电话号码、手机号码、地址和电子邮件地址等。

查询通信录信息:能够通过姓名查询通信录所包括的职工所有信息。

修改通信录信息:在职工信息变化的时候可以任意修改变化的职工信息。

依据程序的数据结构和功能,遵照"自顶向下"的原则,采用基于函数的逐步求精法,画出模块结构图,如图8.2所示。从模块结构图中可以清楚地看到系统层次结构和各功能模块之间的关系。

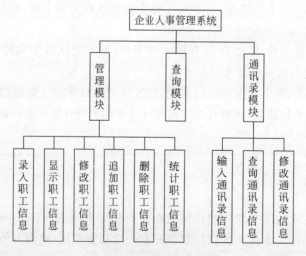

图 8.2 系统结构模块图

部分参考代码如下。

(1) 设计系统框架和菜单程序

【程序代码】

```c
# include "stdio.h"
# include "string.h"
# include "stdlib.h"
# include "conio.h"
# define N 100
struct employee                    /* 职工基本信息 */
{
    int num;                       /* 工号 */
    int position;                  /* 职位:1 为董事长,2 为总经理,3 为副总经理等 */
    char name[8];                  /* 姓名 */
    char sex[2];                   /* 性别:f 为女, m 为男 */
    int age;                       /* 年龄 */
    int cult;                      /* 文化程度:1 为硕士,2 为学士,3 为其他 */
    int state;                     /* 健康状况:1 为好,2 为一般,3 为差 */
}em[N];
struct communication               /* 职工通讯录 */
{
    char name[8];                  /* 姓名 */
    char officetel[13];            /* 办公室电话号码 */
    char hometel[13];              /* 家庭电话号码 */
    char handtel[13];              /* 手机号码 */
    char address[13];              /* 家庭地址 */
    char email[25];                /* 电子邮箱地址 */
}empc[N];
void main()
{
    int choice;
    while(1)
    {
        printf(" ************************************ \n");
        printf("\t 欢迎进入企业人事管理系统中文版\n");
        printf("\t\t 请你选择操作\n");
        printf("========\t\t=========\n");
        printf("\t\t1 进入管理系统\n");
        printf("\t\t2 进入查询系统\n");
        printf("\t\t3 进入通讯录\n");
        printf("\t\t0 退出系统\n");
        printf("========\t\t=========\n");
        scanf("%d", &choice);
        switch(choice)
        {
            case 1:
                manage();          /* 管理系统 */
                break;
            case 2:
```

```
            query();            /*查询系统*/
            break;
        case 3:
            communicate();    /*进入通讯录*/
            break;
        case 0:
            {
            printf("谢谢使用再见\n");
            exit(0);
            }
        default:
            printf("输入错误请重新输入:\n");
        }
    }
}
```

【说明】

① 程序中给出了企业人事管理系统菜单框架、函数声明和变量的定义。

② 程序代码编写过程按照"自顶向下,逐步细化"的原则。首先编写主函数,对其中调用的自定义函数值确定它的名称。

③ 一般每编写好的一个功能模块就要及时测试,并随时调整和修改主函数的内容,不应编写完所有代码后再统一测试,以免出现问题时给查找带来不便。

(2) 设计系统管理模块

【程序代码】

```
void manage()
{
    system("cls");
    int choicemanage;
    char choice='y';
    while(choice=='Y'||choice=='y')
    {
        system("cls");
        printf("\t\t欢迎进入管理系统\n");
        printf("====================\n");
        printf("\t\t请你选择操作类型:\n");
        printf("\t\t1 输入职工信息\n");
        printf("\t\t2 显示职工信息\n");
        printf("\t\t3 修改职工信息\n");
        printf("\t\t4 追加一个职工信息\n");
        printf("\t\t5 删除一个职工信息\n");
        printf("\t\t6 统计职工信息\n");
        printf("\t\t0 退出系统\n");
        printf("====================\n");
        scanf("%d", &choicemanage);
        system("cls");
        switch(choicemanage)
        {
```

```
        case 1:
            input();          /* 输入职工信息 */
            break;
        case 2:
            display();        /* 显示职工信息 */
            break;
        case 3:
            chanage();        /* 修改职工信息 */
            break;
        case 4:
            add();
            break;
        case 5:
            del();
            break;
        case 6:
            count();
            break;
        case 0:
        {
            printf("谢谢使用再见\n");
            return;
        }
        default:
            printf("输入错误请重新输入:\n");
    }
    printf("是否继续管理?(y/Y)\n");
    scanf("%s", &choice);
    }
}
```

【说明】

"system("cls");"语句的功能是清屏。system()函数包含在 stdlib.h 头文件中。
由于篇幅所限,本项目仅给出了部分函数代码。

附录 1　程 序 调 试

对于初学者来说,编写程序出错是普遍的现象,即使是经验丰富的程序员在编写程序时也难免会出现错误。程序出现错误并不可怕,关键要掌握如何找到错误并且排除错误。查找并纠正错误的过程称为程序调试。程序调试需要在实践中不断地积累经验和掌握技巧。

1. 程序错误类型

(1) 语法错误:在编写程序时,违反了 C 语言的语法规则。对于这样的错误,Visual C++ 6.0 在 output 窗口会给出出错的原因和所在的行,这类错误比较容易定位和排除。

(2) 连接错误:将用户程序的目标代码与用户所引用的库函数所在的目标代码连接时,出现的错误。

(3) 运行错误:在程序运行时发生的错误。

(4) 逻辑错误:程序设计时的逻辑思路出现的问题,通常是程序代码没有语法错误,通过了编译,但得不到正确答案。这类错误最难排查。

(5) 编译警告:在编译过程中发现的可能存在的潜在问题,通常出现的 warning 错误,一般不影响程序的正常执行。

2. 程序调试

在 Visual C++ 6.0 中调试程序一般分为如下两个步骤。

(1) 通过编译,修正程序中存在的语法错误。

(2) 使用调试器检测和修正逻辑错误。

以下面的程序为例,来说明如何使用调试器定位和修正逻辑错误。

(1) 输入源程序

```
#include<stdio.h>
#include<math.h>
void main()
{
    int a=-3;
    float b;
```

```
        b=sqrt(a);
        printf("%f",b);
}
```

（2）按 Ctrl＋F7 组合键，编译程序，程序通过编译，没有语法错误，如附图 1.1 所示。

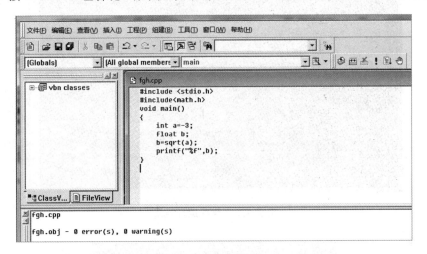

附图 1.1　编译程序

（3）按 F7，连接程序，程序生成.exe 文件，如附图 1.2 所示。

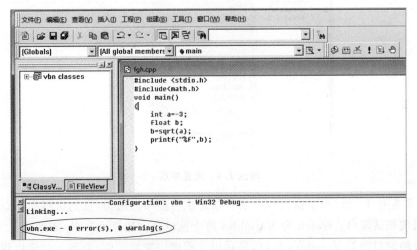

附图 1.2　连接程序

（4）按 Ctrl＋F5 组合键，执行程序，运行结果如附图 1.3 所示。发现运行的结果出现了错误。程序编译成功，排除了语法错误，那么此时应该是程序中存在逻辑错误，究竟是什么错误，可以启动调试工具来排除逻辑错误。

（5）设置断点，告诉调试器在何处暂时中断程序的运行，以便查看程序的状态和变量的当前值。断点的设置方法：①将光标移到需要设置断点的语句处，按下 F9 键。②在需要设置断点的地方，右击，在弹出的快捷菜单中选择"Insert/Remove Breakpoint"命令，设置或移去断点。设置断点处，会出现红色圆圈，如附图 1.4 所示。

附图 1.3　程序运行结果

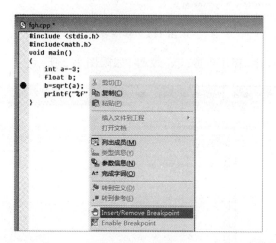

附图 1.4　设置断点

（6）不断按 F5 键（单步执行），一条一条地执行程序的语句，直到执行到断点时为止。此时会出现调试窗口：Watch 和 Variables 两个窗口自动地显示出来，如附图 1.5 所示。

左边的窗口即是 Variables 窗口，显示出了程序中变量的值，发现 b 的值出现了异常，进一步发现是由于 a 取值为负数造成的，因为负数是不能开平方的。右边的窗口是 Watch 窗口，单击"名称"域，输入某个变量或表达式，然后按回车键，相应的值就出现在"值"域中，如附图 1.6 所示。

（7）找到了出错的原因和地方，就结束调试，退出调试器，回到编辑状态，修改程序，如附图 1.7 所示。

（8）修改程序之后，再不断重复"编译"—"连接"—"运行"—"调试"的过程，直到得到正确结果为止。

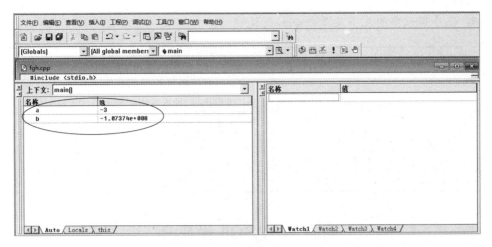

附图 1.5　启动调试器

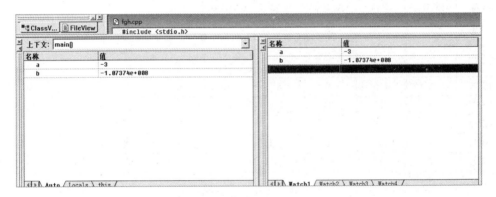

附图 1.6　Watch 窗口

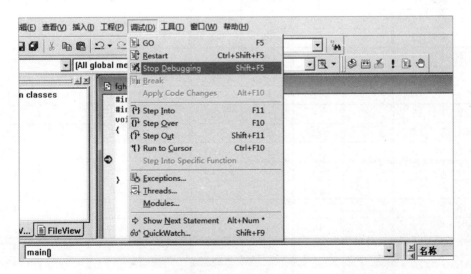

附图 1.7　退出调试器

3. 程序调试中的几个菜单命令和快捷键

菜单命令	快捷键	功　能
Go	F5	运行程序到断点，或到程序结束点
Step Into	F11	单步执行，进入调用函数
Step Over	F10	单步执行，不进入调用函数
Stop Debug	Shift＋F5	关闭调试器
Step Out	Shift＋F11	跳出当前函数，回到调用处
Run to Cursor	Ctrl＋F10	运行程序到光标所在行

附录 2　ASCII 代码表

字符	ASCII 码	字符	ASCII 码	字符	ASCII 码	字符	ASCII 码	字符	ASCII 码
NUL	0	SUB	26	4	52	N	78	h	104
SOH	1	ESC	27	5	53	O	79	i	105
STX	2	FS	28	6	54	P	80	j	106
ETX	3	GS	29	7	55	Q	81	k	107
EOT	4	RS	30	8	56	R	82	l	108
EDQ	5	US	31	9	57	S	83	m	109
ACK	6	Space	32	:	58	T	84	n	110
BEL	7	!	33	;	59	U	85	o	111
BS	8	"	34	<	60	V	86	p	112
HT	9	#	35	=	61	W	87	q	113
LF	10	$	36	>	62	X	88	r	114
VT	11	%	37	?	63	Y	89	s	115
FF	12	&	38	@	64	Z	90	t	116
CR	13	'	39	A	65	[	91	u	117
SO	14	(	40	B	66	\	92	v	118
SI	15	)	41	C	67	]	93	w	119
DLE	16	*	42	D	68	^	94	x	120
DC1	17	+	43	E	69	_	95	y	121
DC2	18	,	44	F	70	'	96	z	122
DC3	19	—	45	G	71	a	97	{	123
DC4	20	.	46	H	72	b	98	|	124
NAK	21	/	47	I	73	c	99	}	125
SYN	22	0	48	J	74	d	100	~	126
ETB	23	1	49	K	75	e	101	del	127
CAN	24	2	50	L	76	f	102		
EM	25	3	51	M	77	g	103		

附录3　C语言运算符的优先级与结合性

优　先　级	运　算　符	功　　能	操作数个数	结　合　性
1	()	圆括号,提高优先级	2	自左至右
	[]	下标运算,访问地址	2	
	→	指向结构或联合成员	2	
	.	取结构或联合成员	2	
2	!	逻辑非	1	自右至左
	～	按位取反	1	
	++	加1	1	
	−−	减1	1	
	(类型关键字)	强制类型转换	1	
	*	访问地址或指针	1	
	&	取地址	1	
	sizeof	测试数据长度	1	
3	*	乘法	2	自左至右
	/	除法	2	
	%	求整数余数	2	
4	+	加法	2	自左至右
	−	减法	2	
5	<<	左移位	2	自左至右
	>>	右移位	2	
6	< >、<=、>=	关系运算	2	自左至右
7	==	等于	2	自左至右
	!=	不等于	2	
8	&	按位与	2	自左至右
9	^	按位异或	2	自左至右
10	|	按位或	2	自左至右
11	&&	逻辑与	2	自左至右
12	||	逻辑或	2	自左至右
13	?:	条件运算	3	自右至左
14	=、+=、−=、*=、/=、%=、&=、^=、|=	赋值运算	2	自右至左
15	,	逗号运算		自左至右

附录4　Turbo C 2.0 常用的库函数及其标题文件

1. 输入和输出函数(标题文件 stdio.h)

函数名	函数原型说明	功　能	返　回　值
chearerr()	void clearer(FILE * fp)	清除与文件指针 fp 有关的所有出错信息	无
fclose()	int fclose(FILE * fp)	关闭 fp 所指的文件	出错返回非 0,否则返回 0
feof()	int feof(FILE * fp)	检查文件是否结束	遇文件结束返回非 0,否则返回 0
fgetc()	int fgetc(FILE * fp)	从 fp 所指文件读取一个字符	出错返回 EOF,否则返回所读字符数
fgets()	Char fgets(char * str, int num, FILE * fp)	从 fp 所指文件读取一个长度为 num－1 的字符串,存入 str 中	返回 str 地址,遇文件结束返回 NULL
fopen()	FILE * fopen(const char * fname, const char * mode)	以 mode 方式打开文件 fname	成功时返回文件指针,否则返回 NULL
fprintf()	int fprintf (FILE * fp, const char * format, arg－list)	将 arg－list 的值按 format 指定的格式写入 fp 所指文件中	返回实际输出的字符数
fputc()	int fputc(int ch, FILE * fp)	将 ch 中的字符写入 fp 所指文件	成功时返回该字符,否则返回 EOF
fputs()	int fputs(const char * str, FILE * fp)	将 str 中的字符串写入 fp 所指文件中	成功时返回 0,否则返回非 0
fread()	size_t fread (void buf, size_t size, size_t const, FILE * fp)	从 fp 所指文件读取长度为 size 的 count 个数据项,写入 fp 所指文件中	返回读取的数据项个数
fscanf()	int fscanf(FILE * fp, const char * format, arg_list)	从 fp 所指文件按 fomart 指定的格式读取数据存入 arg_list 中	返回读取的数据个数,出错或遇文件结束返回 0
fseek()	int fseek (FILE * fp, long offset, int origin)	移动 fp 所指的文件指针位置	成功时返回当前位置,否则返回－1
ftell()	long ftell(FILE * fp)	求出 fp 所指文件的当前的读写位置	读写位置
fwrite()	size_t fwrite(const void * buf, size_t size, size_t const, FILE * fp)	将 buf 所指的内存区中的 const * size 个字节写入 fp 所指文件中	写入的数据项个数

续表

函数名	函数原型说明	功　　能	返　回　值
getc()	int getc(FILE ＊ fp)	从 fp 所指文件中读取一个字符	返回读取的字符,出错或遇文件结束时返回 EOF
getch()	int getch(void)	从标准输入设备读取一个字符,不必用回车键,不在屏幕上显示	返回读取字符,否则返回－1
getche()	int getche(void)	从标准输入设备读取一个字符,不必用回车键,在屏幕上显示	返回读取字符,否则返回－1
getchar()	int getchar(void)	从标准输入设备读取一个字符,以回车键结束,并在屏幕上显示	返回读取字符,否则返回－1
gets()	char ＊ gets(char ＊ str)	从标准输入设备读取一个字符串,遇回车键结束	返回读取的字符串
getw()	int getw(FILE ＊ fp)	从 fp 所指文件中读取一个整型数	返回读取的整数
printf()	int printf(const char ＊ format, arg_list)	将 arg_list 中的数据按 format 指定的格式输出到标准输出设备	返回输出的字符个数
putc()	int putc(int ch, FILE ＊ fp)	同 fputc	同 fputc
putchar()	int putchar(int ch)	将 ch 中的字符输出到标准输出设备	返回输出的字符,出错返回 EOF
puts()	int puts(const char ＊ str)	将 str 所指内存区中的字符串输出到标准输出设备	返回换行符,出错返回 EOF
remove()	int remove(const char ＊ fname)	删除 fname 所指文件	成功返回 0,否则返回－1
rename()	int rename (const char ＊ oldfname , const char newfname)	将名为 oldname 的文件更名为 newname	成功返回 0,否则返回－1
rewind()	void rewind(FILE ＊ fp)	将 fp 所指文件的指针指向文件开头	无
scanf()	int scanf (const char ＊ format, arg_list)	从标准输入设备按 format 指定的格式读取数据,存入 arg_list 中	返回已输入的字符个数,出错返回 0

2. 动态分配函数(标题文件 stdlib.h)

函数名	函数原型说明	功　　能	返　回　值
calloc()	void ＊ calloc(size_t num, size _t size	为 num 个数据项分配内存,每个数据项大小为 size 个字节	返回分配的内存空间起始地址,分配不成功返回 0

续表

函数名	函数原型说明	功　能	返　回　值
free()	void * free(void * ptr)	释放 ptr 所指的内存	无
malloc()	void * malloc(size_t size)	分配 size 个字节的内存	返回分配的内存空间起始地址,分配不成功返回 0
realloc()	void * realloc(void * ptr, size_t newsize	将 ptr 所指的内存空间改为 newsize 字节	返回新分配的内存空间起始地址,分配不成功返回 0

3. 字符串函数(标题文件 string. h/mem. h)

函数名	函数原形说明	功　能	返　回　值
strcat()	char * strcat (char * str1, const char * str2)	将字符串 str2 连接到 str1 后面	返回 str1 的地址
strchr()	char * strchr (const char * str, int ch)	找出 ch 字符在字符串 str 中第一次出现的位置	返回 ch 的地址,找不到返回 NULL
strcmp()	int strcmp(const char * str1, const char * str2)	比较字符串 str1 和 str2	str1<str2 返回负数 str1=str2 返回 0 str1>str2 返回正数
strcpy()	char * strcpy (char * str1, const char * str2)	将字符串 str2 复制到 str1 中	返回 str1 的地址
strlen()	size_t strlen(const char * str)	求字符串 str 的长度	返回 str1 包含的字符数(不含末尾的\0)
strlwr()	char * strlwr(char * str)	将字符串 str 中的字母转换为小写字母	返回 str 的地址
strncat()	char * strncat (char * str1, const char * str2, size_t count)	将字符串 str2 中的前 count 个字符连接到 str1 的后面	返回 str 的地址
strncpy()	char * strncpy (char * dest, const char * source, size _ t count)	将字符串 str2 中的前 const 个字符复制到 str1 中	返回 str 的地址
strstr()	char * strstr(const char * str1, const char * str2)	找出字符串 str2 在字符串 str 中第一次出现的位置	返回 str2 的地址,找不到返回 NULL
strupr()	char * strupr(char * str)	将字符串 str 中的字母转换为大写字母	返回 str 的地址

4. 数学函数(标题文件 math. h)

函数名	函数原型说明	功　能	返　回　值
acos()	double acos(double x)	计算 arccos(x)的值	计算结果
asin()	double asin(double x)	计算 arcsin(x)的值	计算结果

续表

函数名	函数原型说明	功　　能	返 回 值
atan()	double atan(double x)	计算 arctan(x)的值	计算结果
atan2()	double atan2(double y, double x)	计算 arctan(x/y)的值	计算结果
ceil()	double ceil(double num)	求不小于 num 的最小整数	计算结果
cos()	double cos(double x)	计算 cos(x)的值	计算结果
cosh()	double cosh(double x)	计算 cosh(x)的值	计算结果
exp()	double exp(double x)	计算的 ex 值	计算结果
fabs()	double fabs(double num)	计算 x 的绝对值	计算结果
floor()	double floor(double num)	求不大于 x 的最大整数	计算结果
fmod()	double fmod(double x, double y)	求 x/y 的余数（即求模）	计算结果
frexp()	double frexp(double num, int * exp)	将双精度数分成尾数部分和指数部分	计算结果
hypot()	double hypot (double x, double y)	计算直角三角形的斜边长	计算结果
log()	double log(double num)	计算自然对数	计算结果
log10()	double log10(double num)	计算常用对数	计算结果
modf()	double modf(double num, int * i)	将双精度数 num 分解成整数部分和小数部分，整数部分存放在 i 所指的变量中	返回小数部分
pow()	double pow (double base, double exp)	计算幂指数 x^y	计算结果
pow10()	double pow10(int n)	计算指数函数 10^n	计算结果
sin()	double sin(double x)	计算 sin(x)的值	计算结果
sinh()	double sinh(double x)	计算 sinh(x)的值	计算结果
sqrt()	double sqrt(double num)	计算 num 的平方根	计算结果
tan()	double tan(double x)	计算 tan(x)的值	计算结果
tanh()	double tanh(double x)	计算 tanh(x)的值	计算结果

5. 字符判别和转换函数（标题文件 ctype.h）

函数名	函数原型说明	功　　能	返 回 值
isalnum()	int isalnum(int ch)	检查 ch 是否为字母或数字	是,返回1,否则返回 0
isalpha()	int isalpha(int ch)	检查 ch 是否为字母	是,返回1,否则返回 0
isascii()	int isascii(int ch)	检查 ch 是否为 ASCII 字符	是,返回1,否则返回 0
iscntrl()	int iscntrl(int ch)	检查 ch 是否为控制字符	是,返回1,否则返回 0
isdigit()	int isdigit(int ch)	检查 ch 是否为数字	是,返回1,否则返回 0
isgraph()	int isgraph(int ch)	检查 ch 是否为可打印字符,即不包括控制字符和空格	是,返回1,否则返回 0
islower()	int islower(int ch)	检查 ch 是否为小写字母	是,返回1,否则返回 0
isprint()	int isprint(int ch)	检查 ch 是否为字母或数字	是,返回1,否则返回 0
ispunch()	int ispunch(int ch)	检查 ch 是否为标点符号	是,返回1,否则返回 0

函数名	函数原型说明	功　能	返　回　值
isspace()	int isspace(int ch)	检查 ch 是否为空格	是，返回 1，否则返回 0
isupper()	int isupper(int ch)	检查 ch 是否为大写字母	是，返回 1，否则返回 0
isxdigit()	int isxdigit(int ch)	检查 ch 是否为十六进制数字	是，返回 1，否则返回 0
tolower()	int tolower(int ch)	将 ch 中的字母转换为小写字母	返回小写字母
toupper()	int toupper(int ch)	将 ch 中的字母转换为大写字母	返回大写字母

参 考 文 献

[1] 乌云高娃,温希东.C 语言程序设计[M].北京：高等教育出版社,2007.

[2] 周雅静.C 语言程序设计使用教程[M].北京：清华大学出版社,2009.

[3] 谭浩强.C 程序设计[M].2 版.北京：清华大学出版社,2004.

[4] 全国计算机等级考试命题研究组.全国计算机等级考试考点分析、题解与模拟(二级 C)[M].北京：
电子工业出版社,2005.

[5] 中国 IT 认证实验室网站.http://www.chinaitlab.com.

[6] 祝胜林,张明武.C 语言程序设计实验教程[M].广州：华南理工大学出版社,2004.

[7] 祝胜林.C 语言程序设计教程[M].广州：华南理工大学出版社,2004.

[8] 李玲.C 语言程序设计[M].北京：人民邮电出版社,2005.

[9] 丁亚涛.C 语言程序设计实训与考试指导[M].2 版.北京：高等教育出版社,2006.

[10] 苏传芳.C 语言程序设计基础[M].北京：电子工业出版社,2004.

[11] 李春葆.C 程序设计教程(基于 Visual C++平台)[M].北京：清华大学出版社,2004.

[12] 高福成.C 语言程序设计[M].天津：南开大学出版社,2001.

[13] 余先锋.C 语言程序设计[M].北京：电子工业出版社,2003.